畜禽产品安全生产综合配套技术丛书

生猪标准化安全生产关键技术

李绍钰　主编

中原农民出版社

·郑州·

图书在版编目(CIP)数据

生猪标准化安全生产关键技术／李绍钰主编. —郑州:中原农民出版社,2016.9
(畜禽产品安全生产综合配套技术丛书)
ISBN 978 - 7 - 5542 - 1486 - 2

Ⅰ.①生… Ⅱ.①李… Ⅲ.①养猪学－标准化 Ⅳ.①S828 - 65

中国版本图书馆 CIP 数据核字(2016)第 213250 号

生猪标准化安全生产关键技术

李绍钰　主编

出版社:中原农民出版社

地址:河南省郑州市经五路 66 号　　　　　　**邮编:**450002

网址:http://www.zynm.com　　　　　　　**电话:**0371 - 65788655

发行单位:全国新华书店　　　　　　　　　**传真:**0371 - 65751257

承印单位:新乡市豫北印务有限公司

投稿邮箱:1093999369@qq.com

交流 QQ:1093999369

邮购热线:0371 - 65788040

开本:710mm × 1010mm　1/16

印张:13

字数:218 千字

版次:2016 年 10 月第 1 版　　　　　　　　**印次:**2016 年 10 月第 1 次印刷

书号:ISBN 978 - 7 - 5542 - 1486 - 2　　　　　**定价:**29.00 元

本书如有印装质量问题,由承印厂负责调换

畜禽产品安全生产综合配套技术丛书
编 委 会

本 书 作 者

主 编　李绍钰

参 编　邓　文　王青来

序

近年来,我国采取有力措施加快转变畜牧业发展方式,提高质量效益和竞争力,现代畜牧业建设取得明显进展。第一,转方式,调结构,畜牧业发展水平快速提升。持续推进畜禽标准化规模养殖,加快生产方式转变,深入开展畜禽养殖标准化示范创建,国家级畜禽标准化示范场累计超过4 000家。规模养殖水平保持快速增长。制定发布《关于促进草食畜牧业发展的意见》,加快草食畜牧业转型升级,进一步优化畜禽生产结构。第二,强质量,抓安全,努力增强市场消费信心。坚持产管结合、源头治理,严格实施饲料和生鲜乳质量安全监测计划,严厉打击饲料和生鲜乳违禁添加等违法犯罪行为。切实抓好饲料和生鲜乳质量安全监管,保障了人民群众"舌尖上的安全"。畜牧业发展坚持"创新、协调、绿色、开放、共享"发展理念,坚持保供给、保安全、保生态目标不动摇,加快转变生产方式,强化政策支持和法制保障,努力实现畜牧业在农业现代化进程中率先突破的目标任务。

随着互联网、云计算、物联网等信息技术渗透到畜牧业各个领域,越来越多的畜牧从业者开始体会到科技应用带来的巨变,并在实践中将这些先进技术运用到整条产业链中,利用传感器和软件通过移动平台或电脑平台对各环节进行控制,使传统畜牧业更具"智慧"。智慧畜牧业以互联网、云计算、物联网等技术为依托,以信息资源共享运用、信息技术高度集成为主要特征,全力发挥实时监控、视频会议、远程培训、远程诊疗、数字化生产和畜牧网上服务超市等功能,达到提升现代畜牧业智能化、装备化水平,以及提高行业产能和效率的目的。最终打造出集健康养殖、安全屠宰、无害处理、放心流通、绿色消费、追溯有源为一体的现代畜牧业发展模式。

同时,"十三五"进入全面建成小康社会的决胜阶段,保障肉蛋奶有效供给和质量安全、推动种养结合循环发展、促进养殖增收和草原增绿,任务繁重而艰巨。实现畜牧业持续稳定发展，面临着一系列亟待解决的问题：畜产品消费增速放缓使增产和增收之间矛盾突出，资源环境约束趋紧对传统养殖方式形成了巨大挑战，廉价畜产品进口冲击对提升国内畜产品竞争力提出了迫切要求，食品安全关注度提高使饲料和生鲜乳质量安全监管面临着更大的压力。

"十三五"畜牧业发展，要更加注重产业结构和组织模式优化调整，引导产业专业化分工生产，提高生产效率；要加快现代畜禽牧草种业创新，强化政策支持和科技支撑，调动育种企业积极性，形成富有活力的自主育种机制，提升产业核心竞争力；要进一步推进标准化规模养殖，促进国内养殖水平上新台阶；要积极适应经济"新常态"变化，主动做好畜产品生产消费信息监测分析，加强畜产品质量安全宣传，引导生产者立足消费需求开展生产；要按照"提质增效转方式，稳粮增收可持续"工作主线，推进供给侧结构性改革，加快转型升级，推行种养结合、绿色环保的高效生态养殖，进一步优化产业结构，完善组织模式，强化政策支持和法制保障，依靠创新驱动，不断提升综合生产能力、市场竞争能力和可持续发展能力，加快推进现代畜牧业建设；要充分发挥畜牧业带动能力强、增收见效快的优势，加快贫困地区特色畜牧业发展，促进精准扶贫、精准脱贫。

由张晓根教授组织编写的《畜禽产品安全生产综合配套技术丛书》涵盖了畜禽产品质量、生产、安全评价与检测技术，畜禽生产环境控制，畜禽场废弃物有效控制与综合利用，兽药规范化生产与合理使用，安全环保型饲料生产，饲料添加剂与高效利用技术，畜禽标准化健康养殖，畜禽疫病预警、诊断与综合防控等方面的内容。

丛书适应新阶段新形势的要求，总结经验，勇于创新。除了进一步激发养殖业科技人员总结在实践中的创新经验外，无疑将对畜牧业从业者培训，促进产业转型发展，促进畜牧业在农业现代化进程中率先取得突破，起到强有力的推动作用。

中国工程院院士

2016 年 6 月

目　录

第一章 概　述

　　生猪标准化安全生产就是立足于传统生猪养殖的基础,解决生猪养殖业的生态环保、无公害、规模化、标准化、质量安全等问题;是以安全、优质、高效、环保为主要内涵的可持续发展的生猪养殖业;是通过推行畜禽良种化、养殖设施化、生产规范化、防疫制度化、粪污无害化来达到"猪健康—人类健康—环境健康"相协调的生产方式。

第一节　生猪产业发展概况

一、生猪生产发展现状

养猪业是我国农业中的优势产业,在农业和农村经济中占有重要地位,不仅满足了人民的消费需求,而且为农民增收、农村劳动力就业、粮食转化、推动相关产业发展做出了重大贡献。

自改革开放以来,我国养猪业获得了快速、持续发展,猪肉产量位居世界第一,是世界上公认的养猪大国,养猪业在肉类生产中占主导地位。随着我国社会主义新农村建设的发展,广大农民生活水平的不断提高,猪肉消费的需求量将长期保持稳定的增长。

从消费方式看,我国以热鲜肉消费为主,占90%以上,冷鲜肉、冻肉和肉加工低于10%。而多数西方国家则以肉制品消费为主,一般在60%以上,冷鲜肉消费占其次,热鲜肉消费量很少。我国这种特殊的消费方式给生产安全、食品安全均带来极大的挑战。

(一)种猪繁育体系初步建成

全球猪品种3 000多个,获承认的重要品种89个(我国占50%以上),我国有优良地方品种48个,培育品种12个。国家制订了保种方案,建立了基因库和保种区,并加强本品种选育,为地方猪种开发利用进行了积极探索。近年来,我国不断从国外引进优良猪种,包括长白猪、大约克猪、杜洛克猪、汉普夏猪、皮特兰猪等,广泛应用于规模化猪场,为提升我国养猪生产水平发挥了重要作用。经过几十年的努力,初步形成了国家育种中心、原种猪场、品种改良站(人工授精站)为框架的种猪繁育体系(国家级重点猪场24个),不断完善布局、扩大规模、加强种质测定,加快育种步伐,持续扩大良种覆盖率。

(二)猪场规模化、集约化加速,养殖模式多样化

伴随着我国经济发展的步伐,养猪业逐步由家庭副业走向产业化,生猪养殖模式步入多种模式并存,互为补充。但是,总体上呈现出庭院式养殖(年出栏50头以下)→中小型规模养殖(年出栏50～2 999头)→规模化养殖(年出栏3 000头以上)逐步转化的趋势。由于经济的发展给农村剩余劳动力带来更多就业选择,教育的进步使更多的农村家庭走向城市,尤其是2006年上半年养猪业出现全国性亏损,猪病的困扰和市场的恐慌加剧了庭院式养殖者

的退出。在生猪养殖模式的转变过程中，受土地租赁难、环境保护要求高、饲料原料短缺、融资渠道窄等不利因素的影响，中小型规模化养殖及规模化养殖的发展道路曲折。

（三）生猪产业化经营快速发展，组织化程度不断提高，各环节利益分配不均

随着规模化生产的发展，区域化养猪生产的形成，猪肉市场逐步扩大促进了养猪龙头企业的发展，具有一定实力的肉类加工企业、饲料加工企业、动保企业、专业市场合作中介组织、龙头企业逐步兴起，成为养猪生产基地、专业户和市场之间的桥梁和纽带，出现产、供、销一条龙。不同特点的产业化模式如"公司＋基地＋农户"、"公司＋市场带动农户"、"公司＋园区带农户"等纷纷出现。

有实力的屠宰加工、饲料加工、兽药加工、机械制造等相关行业的企业纷纷加入养猪行业，跨地区、跨行业重组，市场竞争力、辐射带动力的加大，加速了我国养猪业由数量型向质量型转变，有能力带动农民养猪。

长期以来，市场波动的风险基本上全部由产业链的两个终端即消费者和养猪生产者来承担，而众多的中间环节均保持稳定的赢利状态。一般在生猪高价期，消费者必须承担全部的负担，养猪生产者可分配到产业利润的50%左右。但是在低价期时，生产者却必须独自承担产业的全部亏损，而屠宰加工、批发商与零售商仍可获得固定利润，甚至利润更丰厚。世界上一些生猪产业发达的国家由于采用合同生产、生产者与屠宰加工建立联合体等多种模式，很大程度上降低了养猪生产者的风险，保障生产者的利益，从而能够长期保持产业的持续稳定发展。此外，由于生猪生产是一个复杂的过程，因此我国生猪生产者除了要承担很大的市场风险外，还要承担全部的生产风险，而产业链上的其他环节不存在这类风险。

建立和完善利益分配机制并形成长期稳定的战略伙伴关系是供应链各环节企业间协作的基础。各个企业不能仅以自身的利益为重，而应该考虑整个供应链的利益，充分合作，形成利益及风险共担的机制。整个供应链就像是一个虚拟的企业，拥有共同的利益目标，通过功能整合、策略联盟和优势互补，在共享信息及技术的前提下分享产品在供应链上所获得的增值，合成整合式猪肉产品物流增值链结构体系，实现整体效益最大化。

（四）猪肉市场向安全和特色化发展

"民以食为天"，这是个亘古不变的真理。没有食物，生命便难以为继。

在生存难以保证的时代,食品的安全往往被忽略。随着社会的发展,人民生活水平的提高,食物的种类也越来越多,菜场、超市、食品店里的各类食品林林总总。随之而来的问题是"病从口入",这些进入我们体内的食品安全性到底有多高呢?"食品安全"的概念形成并渐渐明晰起来。

在添加剂品种的目录管理上,我国制定的标准甚至比西方某些发达国家更严格。比如"瘦肉精"(盐酸克伦特罗)的替代品莱克多巴胺,在我国是禁用药品,但在美国等国家就允许添加。在各类添加剂的使用限量上,我国遵循的是国际通行和公认的剂量。因此,只要严格遵守国家的添加剂监管法规,就能够确保猪肉等畜禽产品质量安全。

随着人民生活水平的提高,消费者的健康意识也有所提高,因此消费者不仅需要丰富畜产品,更希望食用健康、安全动物产品。通常用肉品的 pH、颜色、滴水损失、剪切力和硫代巴比妥酸反应物值、风味评分等指标来量化评定肉品质量。很多因素影响肉品质,包括基因、饲养、屠宰前的处理和屠宰后的处理等。

(五)生猪生产水平与产品规格参差不齐

在生猪生产中,饲养的品种、疫病防控、营养、管理、环境、栏舍布局与设施设备等诸多因素均会影响到生猪的生产力水平。从母猪生产力来看,采用瘦肉型二元杂母猪生产力水平最高,其次是土杂母猪,纯地方猪种母猪生产力水平最低。我国目前饲养品种中,多年来各级政府大力推广瘦肉型猪品种改良,引进瘦肉型母猪占 50% 左右,但土杂母猪由于适应性好、耐粗饲、母性好等优点,仍受到很多养猪场(户)的青睐,约占 40%。从生猪养殖模式看,规模化养殖生产力水平最高,其次为中小型规模化养殖,庭院式养殖生产力水平最低,而生产成本呈相反的顺序。

我国目前养猪生产提供的主要有 3 种类型的生猪产品:一是瘦肉型猪(如杜长大、PIC、光明猪配套系等肉猪),二是土杂猪,三是纯土猪。三种产品的上市体重大小、屠宰率、瘦肉型等指标差异均较大。

我国虽是肉类生产大国,但品种差,生产方式落后,市场发展也很不平衡。应向丹麦、荷兰等先进的猪肉生产出口国学习,采用先进国家的标准和技术、设备,与国际接轨。我国猪的品种和猪的肉质以及养殖效益等主要指标也与先进国家的差距较大,欧盟、美国的猪平均瘦肉率一般都在 60% 以上,而我国只有 50% 左右。先进国家饲养的猪毛重都在 110~120 千克,我国为 90~100 千克。因此,应统筹考虑,建立繁育、饲料加工和饲养管理、屠宰、生肉加工、熟肉品加工、运输销售的科学体系,国家主管部门应加强管理协调,广泛开展国内、外贸易与合作。促进经济与社会的和谐发展。

(六)猪肉加工体系能力与水平不断提高

随着人民生活水平的提高和消费观念的改变,逐渐开展了高质量、高档次的猪肉分割加工。生鲜肉小包装、冷却肉产品的销售量在国内城市中将进一步扩大。由于产能比的提高和专业化、标准化生产水平的提高,产品的成本将更趋于合理。企业竞争力和经济效益将明显提升,走向良性循环。

随着国家有关食品安全法律法规的进一步健全和市场经济秩序整顿力度的加大,大中型屠宰加工企业将得到进一步发展。伴随着猪肉产量的增长,我国的肉类加工业也得到迅猛发展,2010年,中国规模以上肉食加工企业已达3 000家左右。我国先后从国外引进100条生猪屠宰加工生产线,700多条高温大腿肠生产线和一批低温猪肉制品关键设施。加工能力、技术水平不断提高,全国5万多个屠宰场,年屠宰能力10万~50万头的有1 500多家,年宰量100万头的有300多家,涌现一批大型肉类加工企业(双汇、金锣、得利斯、唐人神、鹏程等)通过GMP、HACCP认证,建立了食品安全保障体系。

(七)猪肉进出口贸易

自加入WTO以来,我国猪肉市场供求关系波动显著,猪肉进出口也随之变动明显:2006年,我国猪肉供应充足,猪肉对外贸易呈现近年来少有的大规模净出口格局,进口量仅2.4万吨,出口量则高达26.9万吨。但2007年下半年至2008年上半年,蓝耳病疫情蔓延导致母猪大量死亡,国内猪肉短期内供不应求,猪肉价格出现持续上涨。2008年我国猪肉进口一举超过30万吨,达到37.3万吨,同比激增3.4倍,且在当年6月创下6万吨的猪肉单月进口量历史最高纪录,从此我国由猪肉净出口国转为净进口国。为此,国家出台生猪养殖补贴政策。随着农户生猪养殖积极性提高以及大批资金进入养殖行业,2008年下半年开始,国内猪肉市场供求状况又发生逆转,国内猪肉供给迅速提高,对进口猪肉的需求显著萎缩。2009年全年,我国仅进口猪肉13.9万吨,同比大幅减少63.8%。不仅对进口的依赖减少,当年我国还出口猪肉8.7万吨,由此前连续2年的同比减少逆转为增加,增幅为6.4%。随着国内猪肉市场供过于求局面出现,猪肉价格大幅下挫至历史低位,从2008年5月的20元/千克快速跌落至2009年5月的不足10元/千克。生猪养殖严重亏损,很多投资者、养殖户血本无归,纷纷缩减养猪规模甚至选择逃离养猪业。2010年下半年起,我国进入新一轮"猪少价涨"周期,当年8月全国能繁母猪存栏量达周期内最低点,猪肉进口高速增长势头"卷土重来",2010 年全年猪肉进口量超过 20 万吨,达到 20.1 万吨,同比增长 49.2%。

除了国内供给能力下降导致猪肉出口减少以外,近年来我国食品安全问题不断,国外消费者对中国食品的信任度始终难以恢复,也直接导致我国猪肉出口形势进一步恶化。虽然国家一再重申禁止将瘦肉精作为饲料添加剂,但违规添加瘦肉精的事件此起彼伏,加剧了消费者对整个中国猪肉及其制品的不信任。

二、生猪生产存在的问题

(一)生猪产品的价格波动对社会民生的影响增强

改革开放以来,我国生猪价格一直呈现增长型波动状态,生猪价格大起大落。我国生猪生产和价格大体经历了 5 次大波动。分别是 1988 年、1994 年、1997 年、2004 年和 2007 年。波动周期最短为 3 年,最长为 10 年。特别是 2007 年以来的波动非常剧烈。生猪产量对社会经济的影响已日益加强。2007 年以来猪肉价格的剧烈波动导致的 CPI 变化,就在一定程度上显现出其对经济社会的影响日益增强。同时,猪肉已从副食品转变为人民的生活必需品,其价格上涨或下降影响着社会的安定与人民的生活质量。

(二)生猪质量与安全水平不高

一些重大疫病仍较复杂,猪瘟、猪丹毒、猪副伤寒、猪喘气病、猪黄白痢、猪伪狂犬病、猪蓝耳病(PRRS)、猪细小病毒病、猪 Ⅱ 型圆环病毒病、猪传染性胸膜肺炎、猪萎缩性鼻炎、猪流行性腹泻、猪传染性胃肠炎、猪水肿病、猪蛔虫病、猪疥螨等给养猪业带来威胁。近几年来,我国猪病呈高发态势,疫病种类增多,并由单一性病种感染转变成多病种混合感染,动物疫病防控已从季节性转变为常年性,防控难度加大,加之猪交易流动性大,外疫传入风险增大。部分规模养猪场业主防疫意识淡薄。近年来跨行业进入的新建规模猪场业主防疫意识不强。

农村兽医水平参差不齐,错误诊断、累加用药、重复用药、药物残留及违禁使用添加剂尚未得到有效控制。猪肉及其产品的屠宰加工过程缺乏应有的质量安全监控,造成产品二次污染。

目前我国猪的生产仍以传统分散粗放经营的饲养方式为主。这种生产方式具有能够实现粮食的就地转化、充分利用不能成为商品的农副产品以及充分利用农村闲置劳动力、有利于走生态农业的路子等优点,但这种饲养方式较难采用现代先进的饲养工艺和饲养技术，优良猪种的遗传潜力也难以充分发挥，猪的生产水平、生产效率和产品质量较低，基本处于"低效—劣质—低价"的循环之中。

（三）资源环境的约束日益明显

受国际粮食价格上涨和国内深加工消耗量增加等因素的影响，主要饲料原料价格持续高价位运行，供应紧张的情况在短期内难以缓解。发展生猪养殖劳动力成本明显增加，无论是规模化养殖厂工人或技术员，还是散户的雇工工资都有不同程度的提高，因此养殖成本趋高，利润空间变薄。多数地方没有把生猪规模化养殖用地纳入乡镇土地利用总体规划，用地问题已成为制约加快规模化养殖发展的因素，粪便等废弃物的污染问题已越来越受到关注。由此养猪业的排污投入不断增加，同时经济有效的粪便资源化利用办法还未广泛推广。

从环境保护的角度来看猪的生产过程，不难看出，养猪业已成为一个不可忽视的污染源。一个年出栏 10 000 头肉猪的猪场，如果采用水冲清粪的方式，日排出粪污量可达 100～150 吨，年排出粪污量可达 3.6 万～5.5 万吨。据计算，年产 10 000 头肉猪（肉猪出栏日龄按 6 月龄计）规模的猪场，相当于 50 000 人排泄的粪尿 BOD 值。如此大量的需氧腐败有机物，如果不经处理而排放，则必然造成水体的富营养化和疾病的蔓延与传播等。此外，抗生素类药物及砷、铜等矿物元素的大量使用，未被猪利用的部分会排出体外，进入水体或土壤后，部分被植物所吸收，并有逐级富集作用，污染环境。

（四）规模化发展较慢

随着农民大量外出务工、劳动力价格上涨，生猪养殖比较效益较低，加上养殖风险大等原因，散养户不断下降已呈不可逆转的必然趋势，另一方面也给生猪生产的规模化、区域化、专业化提供了机遇。近年来，生猪养殖规模化程度虽然得到了一定程度提高，但规模养殖发展仍然不足。

从业人员科技水平较低、科技意识较差也导致规模化发展缓慢。在养猪科技水平上，我国与世界先进水平相比还存在较大差距。现代化养猪业综合运用了多学科的先进技术，其生产与经营各个环节的组织与运作都需要专门的科学技术，否则就难以实现较高的生产水平和经济效益，虽然科技进步在我国养猪业中的作用不断提高并已成为养猪业发展的强大支柱，但养猪业发展的科技贡献率仍然很低。从业人员的科技水平低、科技意识差，科技投入不足，限制了养猪业自身的发展。

(五)政府支持仍然不够

在生猪产业中,生猪养殖的疾病防控、粪污治理、质量监管、信息体系、养殖水电路基础设施等属于纯公共性产品,良种繁育、科技推广等属于准科技性产品。长期以来政府、社会和金融对生猪业的投入偏少,目前生猪良种繁育体系严重滞后,种猪场基础设施薄弱,选育水平低,供种能力小,地方种猪资源开发利用不够,对进口种猪依赖较大,疾病防控体系和科技推广服务体系不健全,特别是基层防疫防控和科技服务体系十分脆弱。基层畜牧兽医队伍不稳定,技术设施和手续不完备,养殖业风险防范体系没有建立。产销信息服务网络不完善。养殖户无法掌握市场信息,不能及时调整生产以适应市场经济形势下养猪业的发展。

一些技术人员由于猪场的环境、工资待遇和世俗看法等问题都选择了重新择业,养殖业很多面临老龄化的问题。养殖业要更快发展必须从人们的观念及经济的调整解决"养猪业留不住年轻人"的问题。

另外,养殖业规模化发展需要政府的大力支持,如排污设施的资金,政策支持,宏观经济调控的可靠以支持养殖业的健康发展。

尽管近期将推出能繁母猪保险制度,但由于对生产者来说,目前产业风险主要集中在保育、生长肥育阶段,母猪死亡风险是很低的,造成母猪生产力水平低的风险是疾病引起的流产、死胎等现象,而这些高风险因素并未纳入保险体系。

第二节 生猪标准化健康养殖的概念与意义

一、生猪标准化健康养殖的概念与意义

生猪健康养殖是以安全、优质、高效、无公害为主要内涵的可持续发展的养殖业,是在以追求数量为主的传统养殖业基础上实现数量、质量和生态效益并重发展的现代养殖业。健康养殖包括三个方面的含义:①动物健康,即以保护动物健康、提高动物福利为主线。②人类健康,即以生产质量安全、富含营养的无公安产品,保护人类健康为目的。③环境健康,即生产方式要符合节约资源、减少对环境影响的原则。

随着规模化、集约化养猪生产的发展,伴随着生猪产业生产效率的提高,规模化、集约化养猪的很多问题也逐渐暴露出来:第一,疫病防制难度加大。

随着种猪、猪肉及产品的流通等原因,目前猪的疫病种类在增加,危害严重。在养殖过程中抗生素长期不适当的使用,许多病菌的耐药性增强,增加了治疗难度。多种病原混合感染使得临床诊断困难。第二,生猪生产过程废弃物对环境的污染日趋严重。生猪生产过程产生的大量粪便、污水,伴随这些废弃物产生的臭气,氮、磷超标,重金属残留等问题,如不有效处理,将对环境造成很大破坏。第三,环境应激难以消除,猪肉消费安全很难保证。规模化、集约化养殖为了提高生产效率,采用了限位饲养、单槽单圈饲喂等形式严重地限制了猪的活动范围。水泥地式的猪床无法满足猪拱土觅食的习惯,高密度的饲养增加了猪的争斗和恃强凌弱等现象,全封闭式的圈舍在通风和保温的矛盾中无法找到平衡点等,这些生产方式对猪的健康产生了严重的影响。

因此,通过标准化实现生猪的健康养殖成为当前提升养猪业水平的必由之路。

生态养猪一方面包括生产过程对环境友好,即环保;另一方面,包括生产过程对动物友好,促进动物健康,即动物福利。只有同时满足这两个方面的养猪生产才能构成猪与环境的和谐。生态养猪为了实现环境友好的目标,通常需要通过在农场或区域范围内建立循环利用猪废弃物的种植或其他养殖单元;为了实现对动物友好、提高动物健康水平的目标,需要采用合适的养殖密度和提供良好、舒适的栏舍环境条件。这样的生产工艺通常能使畜产品既环保又安全。

二、生猪标准化生态养殖的意义

随着社会的发展和人民生活水平的提高,人们的健康消费意识也不断加强,安全猪肉的消费正日益受到老百姓的青睐。但只有首先实现生猪安全生产,才能全面提高猪产品的质量。

生态养猪涉及生态猪场设计与建设、生态猪场管理规范、终端产品评价、废弃物处理规范、节能减排效果及废弃物循环利用率等一系列问题。这些问题的解决,并进行标准化,将有助于加快生态养猪的发展,推动我国养猪行业的健康、可持续发展。

第二章　猪场环境与生物安全控制技术

　　近年来，我国规模化养猪获得了迅速的发展，但由于猪的数量多，饲养密度高，运动范围小，不少养殖场粪便随地堆积，污水任意排放，严重污染了周围的环境，也直接影响着养殖场本身的卫生防疫，降低了畜产品的质量，为某些疫病的发生和传播提供了有利条件。为此，如何根据猪的生物学特性，通过完善猪场内外布局和猪舍内部的工艺设计等一系列措施，给猪群提供一个良好的生长和繁育环境显得至关重要。

第一节 猪场生物安全的概念与意义

一、生物安全的概念

生物安全体系就是为阻断病原微生物侵入动物群体、保障动物健康而采取的一系列动物疫病综合防制措施。该体系重点强调环境因素在保障动物健康中所起的决定性作用，也就是使动物生长在最佳的生长环境体系中，以便发挥其最佳的生产性能。通过建立生物安全体系，采取严格的隔离消毒和防疫措施，消除养殖场内的病原微生物，减少或杜绝动物群体的外源性感染机会，从根本上减少动物对疫苗和药物的依赖，从而实现经济、高效预防和控制疫病的目的。

二、生物安全的意义

生物安全措施在养猪生产中的应用，可以防止猪病的发生与传播，保证猪安全生产及猪肉的安全性，提高养猪的经济效益，促进养猪业的发展。

疾病是影响猪的性能和限制养猪效益的主要因素之一。在20世纪80年代后，新的猪病不断出现，而且通过药物来控制疾病变得越来越困难，费用也越来越高，因此生物安全预防措施得到了高度重视。由于疾病造成的损失，远比防制措施花去的成本多得多，所以集约化猪场必须严格执行一套综合的生物安全措施，从而最大限度地防止疾病传入和在猪场内传播。

对于养猪生产者和兽医来说，防止病原侵入是一项长期、艰巨的任务。一旦发生疾病感染，猪群健康会受到影响，猪场就会蒙受经济损失。尤其是某种外国的疾病突破本国和本场的生物安全防线，将会对全国的养猪业带来破坏性的冲击。养猪生产者必须为自己的猪场设计一套有效的生物安全系统，这不仅关系到自身利益，也关系到养猪同行的利益。良好的生物安全措施可防止疾病从一个猪场传到另一个猪场。

第二节 环境对生猪生产的影响

近年来，我国规模化养猪获得了迅速的发展，但由于猪的数量多，饲养密度高，运动范围小，不少养殖场粪便随地堆积，污水任意排放，严重污染了周围的环境,也直接影响着养猪场本身的卫生防疫,降低了生猪产品的质量,为某些疫病的发生和传播提供了有利条件。为此,如何根据猪的生物学特性,通过完善猪场内外布局和猪舍内部的工艺设计等一系列措施,给猪群提供一个良好的生长和繁育的环境显得至关重要。

一、猪场环境质量

(一)植树种草绿化环境

猪场周围和场区空闲地植树种草(包括蔬菜、花草等),如在猪场内的道路两侧种植行道树,猪舍之间栽种速生、高大的落叶树(如水杉、白杨树等),场区内的空闲地遍种蔬菜和花草,见图2-1。有条件的猪场最好在场区外围种植5~10米宽的防风林。这样在寒冷的冬季可使场内的风速降低70%~80%,在炎热的夏季气温下降10%~20%,还可使场内空气中有毒、有害的气体减少25%,臭气减少50%,尘埃减少30%~50%,空气中的细菌数减少20%~80%。

图2-1 场区绿化

(二)搞好粪污处理

一个年产1万头生猪的规模化猪场,每天排放出猪粪污水达100~150吨。这些高浓度的有机污水,若得不到有效的处理,囤积在场,必然造成粪污漫溢,臭气熏天,蚊蝇滋生,其中的病原微生物,还可能给猪群带来二次污染。如果随意将粪污排放到江、河、池塘内,污水中含有的超标酸、碱、酚、醛和氯化物等,可致鱼、虾死亡,使植物枯萎。因此,如果忽视或没有搞好猪场的粪污处理,不仅直接危害到猪群的健康,也影响到附近人们的生产、生活。

1. 固体粪便

固体粪便比较容易处理，可直接出售给农户做肥料或饵料，亦可进行生物发酵，生产出猪粪生物有机肥，见图2-2。这种肥料除了保持猪粪本身的肥效外，其中的有益菌能起到除臭、除湿、杀灭病原微生物的作用。若同时加入相应的菜粕、多种微量元素，还可制成高效的生物有机肥。这样不仅可消除污染源，还能创造出可观的经济效益。为此，要求规模化猪场应以人工清粪为主，少用水冲栏圈，实行粪水分离，这样还可提高猪粪有机肥的产量和质量。

图2-2　用猪粪生产的有机肥

2. 液体粪便

液体粪便是从各幢猪舍的沟渠集中排放到污水池内高浓度的污水。为了净化这类污水，人们做了很多探索。一般来讲，首先要进行固、液分离（可用沉淀法、过滤法和离心法等），将分离出的固体部分做干粪处理；液体部分再进行生物氧化、厌氧处理或用于人工湿地。在水资源缺乏的地区还可将处理后经检验合格的上清液回收再用于冲洗猪圈，见图2-3。

图2-3　液体粪便固、液分离系统

3. 在养殖场内修建沼气池

用沼气工程技术处理人畜粪便,既能有效解决场内生活能源问题,又能获得农业生产所需的有机肥料,改善养殖场内环境,具有良好的经济、生态和社会效益,见图2-4。

图2-4　猪场沼气系统

二、猪舍环境质量

根据猪的生物学特性,小猪怕冷、大猪怕热、大小猪都不耐潮湿,还需要洁净的空气和一定的光照,因此规模化猪场猪舍的结构和工艺设计都要围绕着这些问题来考虑。而这些因素又是互相影响、相互制约的。例如,在冬季为了保持舍温,门窗紧闭,但造成了空气的污浊;夏季向猪体和猪圈冲水可以降温,但增加了舍内的湿度。由此可见,猪舍内的小气候调节必须进行综合考虑,以创造一个有利于猪群生长发育的环境条件。

(一)温度

温度在环境诸因素中起主导作用,猪对环境温度的高低非常敏感,主要表现在:子猪怕冷,低温对新生子猪的危害最大,若裸露在1℃环境中2小时,便可冻僵、冻昏,甚至冻死,即使成年猪长时间在-8℃的环境下,可冻得不吃不喝,浑身发抖,瘦弱的猪在-5℃时就冻得站立不稳。同时,寒冷是子猪黄痢、白痢和传染性胃肠炎等腹泻性疾病的主要诱因,同时还能诱发呼吸道疾病。试验表明,保育猪若生活在1℃以下的环境中,其增重比对照减缓4.3%,饲料报酬降低 5% 左右。在寒冷季节对哺乳子猪舍和保育猪舍应添加增热、保温措施。在寒冷季节,成年猪的舍温要求不低于 10℃,保育舍应保持在 18℃ 为宜。2~3 周龄的子猪需 26℃,而 1 周龄以内的子猪则需 30℃ 的环境,至于保育箱内的温度还要更高一些。

春、秋季节昼夜的温差可达 10℃ 以上,易诱发猪的各种疾病,因此在这期间要求适时的关、启门窗,缩小昼夜的温差。成年猪耐热性能较差,当气温高于 28℃ 时,体重在 75 千克以上的猪可能出现气喘现象。若超过 30℃,猪的采食量明显下降,饲料报酬降低,生长速度缓慢。当气温高于 35℃,又不采取任何防暑降温措施时,个别育肥猪可能发生中暑,妊娠母猪可能引起流产,公猪的性欲下降、精液品质不良,并在 2~3 个月都难以恢复。

在炎热的夏季,对成年猪要做好防暑降温工作。如加大通风,给以淋浴,加快热的散失,降低猪密度,以减少舍内的热源,这样可以有效地提高肥育猪、妊娠母猪和种公猪的生产性能。

(二)湿度

湿度是指猪舍内空气中水汽含量的多少,一般用相对湿度表示。猪的适宜相对湿度范围为 65%~80%,试验表明,温度在 14~23℃,相对湿度 50%~80% 的环境下最适合猪生存。生长速度快,育肥的效果好。猪舍内的湿度过高影响猪的新陈代谢,是引起子猪黄痢、白痢的主要原因之一,还可诱发肌肉、关节方面的疾病。为了防止湿度过高,首先要减少猪舍内水汽的来源,少用或不用大量水冲刷猪圈,保持地面平整,避免积水,设置通风设备,经常开启门窗,以降低室内的湿度。

(三)空气

规模化猪场由于猪的密度大,猪舍的容积相对较小而密闭,猪舍内蓄积了大量的二氧化碳、氨气、硫化氢和尘埃。猪舍空气中有害气体浓度控制线,二氧化碳为 1 500 毫克/升,氨 20 毫克/升,硫化氢 10 毫克/升,空气污染超标往往发生在门窗紧闭的寒冷季节。猪若长时间生活在这种环境中,首先刺激上呼吸道黏膜,猪极易感染或激发呼吸道的疾病。如猪气喘病、传染性胸膜肺炎、猪肺疫等,污浊的空气还可引起猪的应激综合征,表现在食欲下降、泌乳减少、狂躁不安或昏昏欲睡、咬尾嚼耳等现象。

规模化猪场的猪舍在任何季节都需要通风换气。全封闭式猪舍全依靠排风扇换气,换气时可依据下列参数:一般冬季所需的最小换气率为每 100 千克猪体重每分钟 0.14~0.28 米³,夏季最大换气率为 100 千克猪体重每分钟

0.7 ~ 1.4 米³。尽可能减少猪舍内的有害气体,是提高猪生产性能的一项重要措施。

生产中除了要注意通风换气外,还要搞好猪舍内的卫生管理,及时清除粪便、污水,不让它在猪舍内腐败分解。特别是冬季,要注意调教猪形成到运动场或猪舍一隅排粪尿的习惯。

保持猪舍清洁干燥是减少有害气体产生的主要手段,通风是消除有害气体的重要方法。当严寒季节保温与通风发生矛盾时,可向猪舍内定时喷雾过氧化类的消毒剂,其释放出的氧能氧化空气中的硫化氢和氨,起到杀菌、降臭、降尘、净化空气的作用。

(四)光照

适当的光照可促进猪的新陈代谢,加速其骨骼生长并杀菌消毒。试验证明,繁殖母猪的光照增至 60 ~ 100 勒克斯,可使繁殖率提高4.5% ~ 8.5%,使新生子猪窝重增加 0.7 ~ 1.6 千克,使子猪的育成率提高 7.7% ~ 12.1%。哺乳子猪和育成猪的光照度提高到 60 ~ 70 勒克斯,可使子猪的发病率下降9.3%;哺乳母猪栏内每天维持 16 小时光照,可诱使母猪早发情。一般母猪、子猪和后备猪猪舍的光照度应保持在 50 ~ 100 勒克斯,每天光照 14 ~ 18 小时,公猪和育肥猪每天应保持光照 8 ~ 10 小时,但夏季要尽量避免阳光直射到猪舍内。

第三节 猪场的规划与设计技术

一、猪场的选址

猪场场址的选择,应根据猪场性质、生产特点、生产规模、饲养管理方式及生产集约化程度等方面的实际情况,对地势、地形、土质、水源,以及居民点的位置、交通、电力、物质供应及当地气候条件等进行全面考虑。

生态猪场建设,通常需要建立与养猪相匹配的另一个或多个单元,进行养分循环利用,最大限度实现养分平衡。生态猪场的场址选择,应充分考虑周边的农业生产状况,瓜果、蔬菜、牧草、花卉以及经济作物区需肥量大,可作为选址的重要考虑因素之一。

猪场的选址和建设要符合当地政府的畜禽养殖区划。如果政府未划定养殖区和禁养区,在场址的选择上,应尽量选择在偏远地区、土地充裕、地势高而干燥、背风、向阳、水源充足、水质良好、排水顺畅、污染治理和综合利用方便的地方建场。猪场建设要以养殖规模的大小和饲养方式来确定，猪栏的结构模式要提高土地利用率。养殖区应充分考虑周围环境对粪污的容纳能力，把养殖污染物资源化、无害化，形成与当地种植业相结合的生态种养模式。过去许多集约化猪场过多考虑运输、销售等生产成本而忽视其对环境的潜在威胁，往往将场址选择在城郊或靠近公路、河流水库等环境敏感的区域，以致产生了严重的生态环境问题，有些甚至危害到饮用水源的水质安全，最后不得不面临关闭和搬迁，造成不必要的损失。

1.地势

地势应高燥，地下水应在 2 米以下，地势应避风向阳；猪场不宜建于山坳和谷地以防止在猪场上空形成空气涡流，地形要开阔整齐，有足够的面积，一般按可繁殖母猪每头 4 ~ 5 米^2、商品猪 3 ~ 4 米^2 考虑。地面应平坦而稍有缓坡，以利排水，一般相对坡度在 1% ~3% 为宜，最大不超过 25% ，见图 2 – 5。

图 2 – 5　猪场选址

2.土质

要求土壤透气透水性强，吸湿性和导热性小，质地均匀，抗压性强，且未受病原微生物的污染；沙土透气透水性强，吸湿性小，但导热性强，易增温和降温，对猪不利；黏土透气透水性弱，吸湿性强，抗压性低不利于建筑物的稳固，导热性小；沙壤土兼具沙土和黏土的优点，是理想的建场土壤，但不必苛求，见图 2 – 6。

3.水源水质

猪场水源要求水量充足，水质良好，便于取用和进行卫生防护。水源水量

图2-6 沙壤土地面

必须能满足场内生活用水、猪饮用及饲养管理用水(如清洗调制饲料、冲洗猪舍、清洗机具、用具等)的要求,水质标准见表2-1。

表2-1 水质标准

内容	正常范围	最大限量
硝酸盐(克/吨)	0～45	300
硝酸根(克/吨)	—	10
硫酸盐(克/吨)	0～250	<3 000
氯化物(克/吨)	0～250	300
铜(克/吨)	0～0.03	0.5
铁(克/吨)	0～1	2
钙(克/吨)	0～180	180
总盐分(沉淀物)(克/吨)	0～500	<3 000
锰(克/吨)	0～1	—
氟(克/吨)	0～0.03	2.0
pH	6.8～7.5	6～8
大肠杆菌数/100毫升	0	根据水源

4.电力交通

电力供应对猪场至关重要,选址时必须保证可靠的电力供应,并要有备用电源;猪场必须选在交通便利的地方。但因猪场的防疫需要和环境保护的考虑,不能太靠近主要交通干道。

5.防疫和环保

最好离主要干道400米以上;一般距铁路与一级、二级公路不应少于400米,最好在1 000米以上;距三级公路不少于200米;距四级公路不少于100米;同时,要距离居民点、工厂1 000米以上。如果有围墙、河流、林带等屏障,则距离可适当缩短些;距其他养殖场应在1 500米以上;距屠宰场和兽医院宜在2 000米以上。禁止在旅游区及工业污染严重的地区建场。

6.周围环境

建场还应考虑周边环境的各种因素,如水电、排污、扰民、安全等方面的因素。

二、猪场的布局

猪场的建设分为生产辅助区及设施、生产区,生活区和粪便污水处理区。按照生产流程和防疫要求,辅助区包括门卫,道路,供水供电,围墙,饲料场,排水排污和绿化等。道路对生产活动正常进行,对卫生防疫及提高工作效率起着重要的作用。场内道路应净、污分道,互不交叉,出入口分开。自设水塔是清洁饮水正常供应的保证,应安排在猪场最高处。猪场总体布局见图2-7。

生产区建筑主要包括各类猪舍,更衣室,消毒室,药房,病死猪处理室,出猪台,尸体处理区等。一般建筑面积占全场总建筑面积的70%~80%。种猪舍要求与其他猪舍隔开,形成种猪区。种猪区应设在猪场的上风向,种公猪在种猪区的上风向,防止母猪的气味对公猪形成不良刺激,同时可利用公猪的气味刺激母猪发情。配种舍要设有运动场,分娩舍既要靠近妊娠舍,又要接近培育猪舍。育肥猪舍应设在下风向,且离出猪台较近。在生产区的入口处,应设专门的消毒间或消毒池,以便进入生产区的人员和车辆进行严格的消毒。

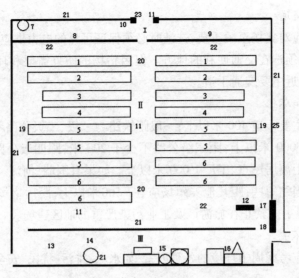

Ⅰ-场前区　　　Ⅱ-生产区　　　Ⅲ-隔离区

图 2-7　猪场的总体布局

1.配种舍　2.妊娠舍　3.产房　4.保育舍　5.生长舍　6.育肥舍　7.水泵房　8.生活、办公用房　9.生产附属用房　10.门卫　11.消毒室　12.厕所　13.隔离舍及剖检室　14.死猪处理设施　15.污水处理设施　16.粪污处理设施　17.选猪间　18.装猪台　19.污道　20.净道　21.围墙　22.绿化隔离带　23.场大门　24.粪污出口　25.场外污道

　　生活区包括办公室、接待室、财务室、食堂、宿舍等,一般设在生产区的上风向或与风向平行的一侧。此外猪场周围应建围墙或设防疫沟,以防兽害和避免闲杂人员进入场区。

　　粪便污水处理区包括化粪池,污水处理设施,粪便堆积场等,这些建筑物应远离生产区,设在下风向、地势较低的地方,以免影响生产猪群。

三、猪舍建筑

　　在建筑物内实行舍饲猪的主要理由是通过为动物提供一个良好的环境氛围来提高生产力和改善其健康和舒适状况;建筑物还可提供更好的工作条件,利于粪便管理和防治鼠、虫害。建筑物是控制诸如太阳辐射、降水、泥浆、风、温度、相对湿度和污染物这些重要环境因素的第一道设施。根据猪的生物学特性和不同生理阶段的要求,合理建造猪舍,让猪生长好,发育快,减少疾病发生和饲料耗费有重要意义。

(一)猪舍的建筑式样

1. 单列式猪舍(图2-8)

这种猪舍建筑形式在我国传统的养猪生产中占有重要地位,即在移动猪舍内,猪栏排成一列,根据形式又可分为带走廊的单列式与不带走廊的单列式两种。单列式猪舍投资少、结构简单、维修方便,且通风透光,因此非常适合于养猪专业户及其他规模较小的养猪场。

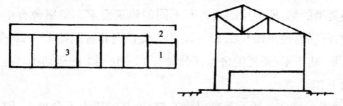

图2-8 单列式猪舍平面、剖面图
1. 储料室 2. 走道 3. 猪栏

单列式猪舍根据其屋顶的形式又可分为单坡式、双坡式、平顶式、拱式和联合式等。单坡式猪舍屋顶前檐高,后檐低,屋顶向后排水,这种结构通风透光,但保温性差;双坡式猪舍屋顶中间高,前后檐高度相等,两面排水,其通风透光及保温性能均较好,但造价比单坡式猪舍高;平顶式猪舍屋顶一般用钢筋混凝土制成,因此其造价较高,其隔热性能和排水性能均较差,但这种猪舍的结构牢固,可抵御风沙的侵袭,因此在北方较为适用。

单列式猪舍根据墙的设置又可分为开放式和半开放式两种。开放式猪舍三面设墙,一面无墙;半开放式猪舍三面设墙,一面为半截墙。

2. 双列式猪舍(图2-9)

双列式猪舍舍内有南北两列猪栏,中间有一条通道或南北中三条走道。这种猪舍结构紧凑,容量大,能充分地利用猪舍的面积,且便于管理,其劳动效率比单列式猪舍高,因此较适合规模较大、现代化水平较高的猪场所使用。但这种猪舍跨度较大,结构复杂,造价较高,尤其是北面的猪栏采光较差,冬季寒冷,不利于猪群的生长和繁殖。

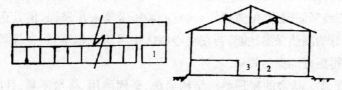

图2-9 双列式猪舍平面、剖面图
1. 值班室 2. 猪栏 3. 走道

3. 多列式猪舍

即舍内有三列或三列以上的猪栏,这种猪舍容纳的猪数量多,猪舍面积的利用率高,有利于充分发挥机械的效率,因此多为大型的机械化养猪场所采用。但是,多列式猪舍南北跨度较大,采光、通风差,舍内的空气污浊,不适合南方地区夏季的高温、高湿。

(二)猪舍的建筑要求及其结构

不同类型的猪,所使用的猪舍有不同的建筑要求。肥猪舍有单列式和双列式两种,每栏的使用面积在 12 ~ 16 米²,每栏饲养育肥猪 15 ~ 20 头,隔栏的高度为 0.8 ~ 0.9 米,每栏的舍外部分设有 12 ~ 16 米² 的运动场。在建筑结构上大体如下:

(1)地基　猪舍一般不是高层建筑,对地基的压力不会很大,因此除了淤泥、沙土等非常松软的土质以外,一般中等以上密度的土层均可以作为猪场的地基。

(2)基础　基础是猪舍的地下部分,也是整个猪舍的承重部分,由它将建筑的重量传给地基。常用碎砖、卵石或混凝土等做成方形柱墩。基础深入地下的程度由建筑物的大小、地基的种类、地下水的高低以及冻土层的深度等所决定。在任何情况下,基础都必须高于地下水位 0.5 米。

(3)墙脚　墙脚是墙壁与基础之间的过渡部分,一般比室外的地面高出20 ~ 40 厘米,在墙脚与地面的交接处应设置防潮层,以防止地下或地面的水沿基础上升,使墙壁受潮,通常可用水泥砂浆涂抹墙脚。

(4)墙壁　猪舍的墙壁要求既坚固耐用,同时又要求具有良好的隔热保温性能,保护舍内的小环境不受外界气候急剧变化的影响。在我国多采用草泥、土坯、砖以及石料等材料建筑猪舍。草泥或土坯墙的造价低且具有良好的隔热保温性能,冬暖夏凉,但是很容易被暴雨或大水冲蚀,因此需经常维修,一般只适合于气候干燥地区。石料墙坚固耐用,但保温性能很差。砖墙坚固耐用,且保温防潮,是较为理想的猪舍墙体。砖墙的结构可分为实心墙和空心墙两种,实心墙坚固耐用,但造价较高,空心墙不及实心墙坚固,但其造价低廉,且具有良好的隔热保温性能,若在空心墙体中再填充稻草、谷壳等隔热材料,则可以获得更好的保温效果。

(5)屋顶　猪舍的屋顶要求结构简单、坚固耐用、排水便利,且应具有良好的保温性能。在我国多采用稻草、瓦、预制板、泥灰、石棉瓦等材料修建屋顶。草料的屋顶造价低,且具有良好的保温性能,但不耐久,且防火性能差。瓦、预制板、石棉瓦等修造的屋顶坚固耐用,但造价较高,且保温性能不及草料的屋顶。

(6)地面　猪舍的地面要求坚实平整、无缝隙,保暖性能好,具有一定的弹性,不透水,且具有适当的坡度,易于清扫和消毒。在我国多采用土、砖、石料水泥等修建地面。土质地面包括夯实黏土地面和三合土地面(黄土、煤渣、石灰)。这种地面的造价低,且保温性能好,地面柔软,但容易渗水,地面不易保持平整,不利于清扫和消毒。砖砌地面坚固耐用,保温性能良好,但是如果施工不当,地面不平整,则砖缝易渗水,不易清扫和消毒,容易造成地面的污染和受潮。石料水泥地面坚固、平整,耐酸碱,不透水,易于清扫和消毒,但地面硬度大,导热性大,不利于猪的生长,且地面的造价高。

(7)门窗　猪舍门的设置首先应保证猪群的自由出入,以及运料和出粪等日常生产的顺利进行,因此猪舍的门一般不设门槛,也不应设台阶,而应建成斜坡状,以免猪群出入时损伤蹄脚。另外,门是猪舍通风散热的重要部分,门的设计应密实且保温性能好,在冬季的主风向应少设或不设门。

(三)猪舍面积

猪舍需有一定的大小,以给猪群(圈栏空间)、猪的运动区域(通道)、病猪隔离区域、饲料储存地等提供足够的空间。猪圈的面积过小会导致应激从而降低动物的生产力恶化健康和舒适状况。猪舍的容积决定猪舍的高度,通道地坪至天花板的猪舍高度,不低于3米,猪舍的容积应当因地制宜。根据养猪规模,设计猪舍容纳量。表2-2和表2-3列出推荐的完全舍饲猪舍内每头猪需要的圈栏面积,表2-4列出带室外运动场的开放式猪舍所推荐的猪圈面积和室外场地面积。

表2-2　全漏缝或部分漏缝地板饲养生长猪所需要的圈栏面积

猪生长阶段	猪体重(千克)	地面面积(米²/头)
哺乳子猪	5.5~10	0.18~0.22
保育子猪	10~30	0.28~0.37
生长猪	30~60	0.56
育肥猪	60~100	0.74

表 2 – 3　种猪所需的圈栏面积

种猪类型	猪体重（千克）	实体地面面积（米²/头）	全漏缝或部分漏缝地板面积（米²/头）
后备母猪	115 ~ 135	3.7	2.2
繁殖母猪	135 ~ 225	4.5	2.8
公猪	135 ~ 225	5.6	3.7
怀孕新母猪	115 ~ 135	1.9	1.3
怀孕母猪	135 ~ 225	2.2	1.5

表 2 – 4　带运动场的开放式猪舍所需的猪舍及运动场面积

猪种类	猪体重（千克）	猪舍面积（米²/头）	运动场面积（米²/头）
保育子猪	10 ~ 30	0.28 ~ 0.37	0.56 ~ 0.74
生长育肥猪	30 ~ 100	0.46 ~ 0.56	1.1 ~ 1.4
怀孕母猪	148	0.74	1.3
公猪	182	3.7	3.7
配种母猪	148	1.5	2.6

（四）猪舍的合理性

在一个系统生产的猪场里，所有的建筑物都需要按一定的规格营造，为的是每幢建筑物容纳家畜的能力都与整个猪生产系统的家畜容量匹配。精确地决定每幢建筑物容纳的动物数量需要对猪由小到大辗转各级猪舍的过程做非常详尽的分析，并准确地估计猪的受胎率、出生率、生长率、死亡率及测定诸如清洗等管理操作所耗费的时间。猪场每座建筑物在动工之前应对其容量精确的大小做出详细的设计规划。

配置猪场内各建筑物时，须考虑猪舍间猪群搬迁的便利性。母猪的周转是从配种怀孕猪舍迁到产子舍，然后返回配种舍。子猪则从产房转到培育舍，再到生长舍、育肥舍，最后被出售。建筑物和各间猪舍的布置即需符合这种动迁流程。产子猪舍通常置于配种妊娠猪舍与保育猪舍之间，以有利于母猪和子猪分别向两个方向迁移。

（五）环境控制

人们根据养猪的需求和本地的气候来设计不同环境控制水平的猪舍。各生长阶段的猪，为获得最佳的生产力，需要不同的环境。因此，每幢猪舍，都需要专门设计,以适合其所养猪的类型。越年幼、越小的猪对环境越敏感,在提供更精细环境控制的、高度绝热并实施机械通风的猪舍里的生产成绩最好。较大的、成熟的猪养在未绝热的、较敞开的自然通风的几乎无气温控制的猪舍里常常也能获得优良的生产成绩。炎热气候中的种猪群是个例外,尤其是种公猪,热应激会大大降低其受精率,对它们往往要用降温系统。中等大小的猪群常饲养于良好隔热、自然通风的猪舍里,在这里对气流稍加控制,从而使气温也稍受调控。

控制猪周围环境的首要手段之一是在猪舍的屋顶、天花板、墙壁及地基装置隔热层。在想要控制温度的地方,诸如寒冷气候中饲养小猪和中猪的猪舍,总是需要隔热的。隔热可将猪体散发的热量留在猪舍内,有助于增温。隔热对饲养成年猪的猪舍也是有帮助的,因为它减少辐射热对猪的负担,并减少水汽冷凝在猪舍的内表面上。从屋顶或天花板投射到猪体的辐射热是个重点问题,特别是在炎热的烈日当空的天气。当太阳照射到屋顶表面时,可使屋顶表面温度达到65℃之高。这种热量传到屋顶内面,然后直接辐射到猪的身上。如在屋顶下面安装隔热层,就能大大减少抵达猪体的热量。假如猪舍有天花板,则屋顶将热量辐射到天花板,天花板还会将热辐射到猪体,除非天花板是绝热的。

除了屋顶、天花板和墙壁的隔热之外,猪舍周围的地基设置隔热层也是有帮助的。对隔热来说,这是个重要的区域,因为猪就生活在这个区域而混凝土或砖块地基的隔热性能很差。在紧靠地基外侧地面下约60厘米处设置防水泡沫绝缘体(厚约5厘米)有助于使猪的睡眠区域保持一定的温度。在猪睡眠的区域上方1~2米处安置一套保温器,使得猪在寒冷的气候中更为舒适,这样可减少贼风及减少冰冷建筑物表面辐射给猪体的寒气。

所有的猪舍都需要不断地通风,以移除热量、水汽、灰尘、气体及病原体,在寒冷的气候中亦然。欲达到良好的通风设计,需考虑两个重要的因素,第一,通过猪舍的恰如其分的气流(通风)速率;第二,均匀地散布清新空气到猪舍的所有区域,并使新鲜空气与室内原有空气充分地混合。通风率必须足以移除热量、水汽和污染物,而又不至于使室内气温降幅过大。换气率取决于舍养猪的种类、大小和数量,以及外界气温。

四、猪舍设施

为了提高专业户养猪场的生产效率和便于养猪生产操作,养殖户应按照猪的生理生长的规律,对所采用的主要设备的基本要求,以及选材、规格、制造和安装要求有所了解。

(一)猪场常用设施与设备

随着科学技术的发展,工厂化养猪设备得到不断改进和完善,由于各地的实际情况和环境气候等的不同,对设备的规格、型号、选材等也应有所不同,在使用过程中不必强求一致。猪场常用设施及设备见表2-5、图2-10至图2-23。在经济条件不富裕或养猪自然环境较好的地区,不应强求安装先进的设备,其猪场建设与设备安装应以"土洋结合"为主。

表2-5 猪场建设常用设施与设备

名称	规格(毫米)	备注
无动力屋面通风器	r500	不锈钢材质、彩钢板材质
排气扇		200 米³/分、500 米³/分
复合材料漏粪地板		或塑料漏粪地板、铸铁漏粪地板
固液分离机	LE-120	滤水免动力,无机械故障,滤网免工具可反转拆洗
喷雾降温龙头		塑料材质,间隔3米安装1个,常压即可
配种母猪单体栏	2 100×600	含饮水器
母猪小群栏	3 000×2 000×1 000	含饮水器
公猪栏	3 000×2 400×1 200	含饮水器
高床分娩栏	2 100×1 700 或 2 100×1 800	底部全部为复合材料地板(铸铁板、塑料板)、限位架、水泥保温箱、加热器、围栏、母猪食槽、子猪食槽、饮水器、支脚
高床保育栏	2 100×1 700 或 2 100×1 800	底部全部为复合材料漏粪地板、铸铁地板或钢编网地板、双面料槽、围栏、饮水器、支脚
双电路玻璃钢电热板		双电路,可调温开关,250 瓦
子猪玻璃钢保温箱		带有机玻璃观察口
子猪水泥保温箱		水泥箱内带木板
母猪铸铁食槽	430×360×360	含铸铁挡料板

名称	规格（毫米）	备注
子猪钢板补料槽	330×130×90	长方形3孔食位
单面育肥猪落料槽	1 000×440×810	水泥底钢板槽、铸铁底钢板槽,4孔
双面育肥猪落料槽	1 000×670×810	水泥底钢板槽,共8孔
双面保育猪落料槽	610×700×450	铸铁底钢板槽,共8孔
单面保育猪落料槽	610×700×300	钢板槽,共4孔
磁条板加热器	250瓦	使用寿命长,保温效果好
清洗消毒车		清洗,消毒,喷雾
子猪转运车		转群专用
饲料车、粪车		上料专用、运粪专用
耳标钳、耳号牌	普通/进口	喷塑
温度计		干湿温度计和常规温度计
饮水器	鸭嘴式饮水器	铸铜制/铜棒制、不锈钢
	碗式饮水器	铸铁(深式/浅式)

图2-10 饲料塔

图2-11 不同阶段猪的饲槽

图 2 - 12　猪自动饮水器、饮水杯

图 2 - 13　猪舍房顶风机

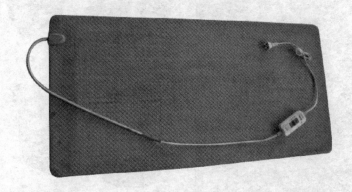

图 2 - 14　新型猪用电热毯

图 2 - 15　玻璃钢保温箱

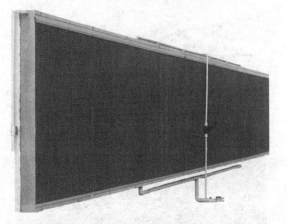

图 2 - 16　猪舍湿帘

图 2 - 17　清粪车

图2-18 刮粪机

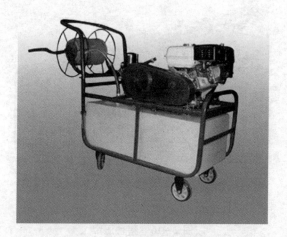

图2-19 高压消毒清洗车

图2-20 妊娠诊断仪

图2-21 背膘厚度测定仪

图2-22 移动式电子秤

图2-23 混合机

（二）猪床设计

猪床指猪躺卧的地面，地面材料的导热性对猪的影响较大。猪床必须保持干燥，这个问题除依靠调教猪做到吃、拉、睡三定点不乱尿外，还应使猪床向粪尿沟方向保持一定的坡度。猪床的相对坡度以1%～3%为宜。各种地面最好有防水层，因潮湿的水泥地面热量损失为干燥水泥地面的2倍，猪床表面应当平整，不留坑洼和尖利的碎石，但又不要抹得太光滑，以免猪打滑（尤其母猪、公猪更为重要）。

（三）排污系统

消除粪尿系统由粪尿支沟主沟化粪池、沼气池组成。

一般粪沟宽度为 40～60 厘米,以最宽的铁铲能进入铲粪为宜。沟深在 15～20 厘米。使用水冲清粪尿时,沟向储粪池方向应有 0.5%～0.6% 的坡度。猪舍内粪沟的设计可参考表 2-6。一般推荐粪沟设在猪栏下;明沟应设盖板或漏缝地板。

表 2-6 猪舍粪沟参考参数

猪舍类型	饲养方式	粪沟尺寸(毫米)			备注
		宽度	沟最浅处	沟底坡度	
配种妊娠	单栏	≤900	600	1%～2%	两端沟底最浅,坡向中间
后备母猪	群养,5 头生	≤1 200	600	1%～2%	两端沟底最浅,坡向中间
分娩舍	单栏,子一窝	≤1 200	600	2%	有条件时做全漏缝地板
保育舍	群养,17 头	≤1 200	600	1%～2%	有条件时做全漏缝地板
生长舍	群养,17 头	≤1 500	600	1%～2%	沟由两端向中间坡
育肥舍	群养,17 头	≤1 800	600	1%～2%	沟由两端向中间坡

(四)饲槽与饮水设备

1. 猪槽的设计

乳猪补料诱食槽,各式各样,以防乳猪进入食槽为根本。

子猪(保育猪)饲槽,每栏以 10～20 头猪为宜(约 2 窝猪为一群)。

育成猪(育肥猪)饲槽,每栏以 8～16 头猪为宜,槽应靠走道,尽可能长,以混凝土建成,槽内光滑或粘贴瓷砖,小猪饲槽以中号钢筋将槽以每 20～30 厘米为间隙隔成小格,以便猪充分采食,避免争抢。

除限位栏以外,群养的母猪栏的饲槽也参照前项修建。

猪槽的一端可以敞开或预留大孔,以便清洗消毒。

2. 猪饮水设备

我们大力提倡使用和推广鸭嘴式饮水器,好处在于喝水充分以及饮水不受栏舍粪尿等污物的污染,其安装的位置最好在栏圈后方距地面 20 厘米(乳子猪)和 40 厘米(其他猪)高处,每 8～10 头猪配 1 个饮水器。如该栏圈既要养子猪又要养其他大猪,应同时安装以上要求的两个饮水器。农村小规模散养母猪栏应附设运动场,其地面设置如前所述,运动场应配置一饮水器。

给水标准为每头猪每天应给水 12～18 升(平均 15 升),饮水器的流量应为 1.5 升/时,水中细菌数不大于 30 万/毫升,pH 6～8 为好。饮水设备主要是鸭嘴式饮水器,10～15 头猪 1 个(至少每栏 2 个),保育舍高度分别为 30～35 厘米

（杯式饮水器高度为15厘米），育成舍高度分别为45厘米和60厘米，倾斜45°。

第四节　管理措施

一、隔离措施

动物疫病传播有3个环节：传染源、传播途径、易感动物。在动物防疫工作中，只要切断其中一个环节，动物传染病就失去了传播的条件，就可以避免某些传染病在一定范围内发生，甚至可以扑灭疫情，最终消灭传染病。但对规模养殖场来说，消灭传染源、保护易感动物只是防疫工作的两个重要方面，只有做好隔离工作，切断传播途径才是防止动物重大疫情发生的最关键措施。

（一）自然环境隔离

建场选址应离开交通要道、居民点、医院、屠宰场、垃圾处理场等有可能影响动物防疫因素的地方，养殖场到附近公路的出路应该是封闭的500米以上的专用道路；场地周围要建隔离沟、隔离墙和绿化带；场门口建立消毒池和消毒室；场区的生产区和生活区要隔开；在远离生产区的地方建立隔离圈舍；畜禽舍要防鼠、防虫、防兽、防鸟；生产场要有完善的垃圾排泄系统和无害化处理设施等。山区、岛屿等具有自然隔离条件的地方是最理想的场址，见图2-24。

图2-24　标准化场址

（二）规模养殖场要建立严格的隔离机制

一般规模养殖场都设有隔离措施，但往往达不到预期效果。因为这些隔离都建在生产区的范围内，与养殖场的人员、道路、用具、饲料等方面存在各种割不断的联系，因此形同虚设。建议重新认识隔离的含义，建立真正意义上的、各方面都独立运作的隔离，重点对新进场动物、外出归场的人员、购买的各种原料、周转物品、交通工具等进行全面的消毒和隔离,为了安全生产,规模养殖场要贯彻"自繁自养、全进全出"的方针,避免引进患病和带毒动物,避免将患病和带毒猪遗留到下一批。引进种用动物要慎重,绝对不能从有疫情隐患的单位引进种畜禽;新引进的猪要执行严格检疫和隔离操作,确属健康的才能混群饲养。禁止养殖场的从业人员接触未经高温加工的相关猪产品。要从以下几个方面做好严格防疫隔离:

猪场大门必须设立宽于门口、长于大型载货汽车车轮一周半的水泥结构的消毒池(图2-25),并装有喷洒消毒设施。人员进场时应经过消毒人员通道(图2-26),严禁闲人进场,外来人员来访必须在值班室登记,把好防疫第一关。

图2-25 大门口消毒池

图2-26 人员消毒通道

生产区最好有围墙和防疫沟,并且在围墙外种植荆棘类植物,形成防疫林带,只留人员入口、饲料入口和出猪舍,减少与外界的直接联系。

　　生活管理区和生产区之间的人员入口和饲料入口应以消毒池隔开,人员必须在更衣室沐浴、更衣、换鞋(图2-27),经严格消毒后方可进入生产区,生产区的每栋猪舍门口必须设立消毒脚盆,生产人员经过脚盆再次消毒工作鞋后进入猪舍,生产人员不得互相"串仓",每头猪的用具不得混用。

图2-27　猪场更衣室

　　外来车辆必须在场外经严格冲洗消毒后才能进入生活管理区和靠近装猪台(图2-28),严禁任何车辆和外人进入生产区。

图2-28　车辆消毒

　　加强装猪台的卫生消毒工作。装猪台平常应关闭,严防外人和动物进入;禁止外人(特别是猪贩)上装猪台,卖猪时饲养人员不准接触运猪车;任何猪一经赶至装猪台,不得再返回原猪舍;装猪后对装猪台进行严格消毒。

如果是种猪场应设种猪选购室,选购室最好和生产区保持一定的距离,介于生活区和生产区之间,以隔墙(留密封玻璃观察窗)或栅栏隔开,外来人员进入种猪选购室之前必须先更衣换鞋、消毒,在选购室挑选种猪。

饲料应由本场生产区外的饮料车运到饲料周转仓库,再由生产区内的车辆转运到每栋猪舍,严禁将饲料直接运入生产区内。生产区内的任何物品、工具(包括车辆),除特殊情况外不得离开生产区,任何物品进入生产区必须经过严格消毒,特别是饲料袋应先经熏蒸消毒后才能装料进入生产区。有条件的猪场最好使用饲料塔,以避免已污染的饲料袋引入疫病。

场内生活区严禁饲养畜禽。尽量避免猪、狗、禽鸟进入生产区。生产区内肉食品要由场内供给,严禁从场外带入偶蹄兽的肉类及其制品。

休假返场的生产人员必须在生活管理区隔离交货两天后,方可进入生产区工作,猪场后勤人员应尽量避免进入生产区。

全场工作人员禁止兼任其他畜牧场的饲养、技术工作和屠宰贩卖工作。保证生产区与外界环境有良好的隔离状态,全面预防外界病原侵入猪场内。

要针对防疫工作建立完善的人员管理制度、消毒隔离制度、采购制度、中转物品隔离消毒制度等规章制度并认真实施,切断一切有可能感染外界病原微生物的环节。

饲养员认真执行饲养管理制度,细致观察饲料有无变质、注意观察猪采食和健康状态,排粪有无异常等,发现不正常现象,及时向兽医报告。

采购饲料原料要在非疫区进行,参与原料运输工具和人员必须是近期没有接触相关动物及产品的,原料进场后在专用的隔离区进行熏蒸消毒。杜绝同外界业务人员的近距离接触,杜绝使用经销商送上门的原料,杜绝运输相关动物及产品的交通工具接近场区,决不允许返回场内。

生产人员进入生产区时,应洗手、穿工作服和胶靴、戴工作帽;或淋浴后更换衣鞋。工作服应保持清洁,定期消毒。

要抓好绿化,而且要做好防风及降低各栋之间的细菌传播。

二、消毒技术

猪场消毒可分为终端性消毒和经常性的卫生保护,前者指空舍或空栏后的消毒,后者指舍内和四周经常性的消毒。(定期消毒,场区消毒和人员入场消毒等。)

(一)终端性消毒

产房、保育舍、育肥舍等每批猪调出后,要求猪舍内的猪必须全部出清,一头不留,对猪舍进行彻底的消毒,可选用过氧乙酸(1%)、氢氧化钠(2%)、次氯酸钠(5%)等。消毒后需空栏5~7天才能进猪。消毒程序为:彻底清扫猪舍内外的粪便、污物、疏通沟渠→取出舍内可移动的部件(饲槽、垫板、电热板、保温箱、料车、粪车等),洗净、晾干或置阳光下暴晒→舍内的地面、走道、墙壁等处用自来水或高压泵冲洗,栏栅、笼具进行洗刷和抹擦→闲置1天→自然干燥后才能喷雾消毒(用高压喷雾器),消毒剂的用量为1升/米^2,要求喷雾均匀,不留死角,最后用清水清洗消毒机器,以防腐蚀机器。入猪前一天再次喷雾消毒1次。

(二)经常性的卫生保护

1. 非生产区消毒

凡一切进入养殖场人员(来宾、工作人员等)必须经大门消毒室,并按规定对体表、鞋底和人手进行消毒。大门消毒池长度为进出车辆车轮2个周长以上,消毒池上方最好建顶棚,防止日晒雨淋;并且设置喷雾消毒装置。消毒池水和药要定期更换,保持消毒药的有效浓度。所有进入养殖场的车辆(包括客车、饲料运输车、装猪车等)必须严格消毒,特别是车辆的挡泥板和底盘必须充分喷透,驾驶室等必须严格消毒。办公室、宿舍、厨房及周围环境等必须每月大消毒一次。疫情暴发期间每天必须消毒1~2次。

2. 生产区消毒

生产人员(包括进入生产区的来访人员)必须更衣消毒沐浴,或更换一次性的工作服,换胶鞋后通过脚踏消毒池(消毒桶)才能进入生产区。生产区入口消毒池每周至少更换池水、池药2次,保持有效浓度。生产区内道路及5米范围以内和猪舍间空地每月至少消毒2次。售猪周转区、赶猪通道、装猪台及磅秤等每售一批猪都必须大消毒1次。更衣室要每周末消毒1次,工作服在清洗时要消毒。分娩保育舍每周至少消毒2次,配种妊娠舍每周至少消毒1次。育肥猪舍每2周至少消毒1次。猪舍内所使用的各种饲喂、运载工具等必须每周消毒1次。饲料、药物等物料外表面(包装)等运回后要进行喷雾或密闭熏蒸消毒。病死猪要在专用焚化炉中焚烧处理,或用生石灰和烧碱拌撒深埋。活疫苗使用后的空瓶应集中放入装有盖塑料桶中灭菌处理,防止病毒扩散。

3. 消毒时应注意的问题

第一，消毒最好选择在晴天，彻底清除栏舍内的残料、垃圾和墙面、顶棚、水管等处的尘埃等，尽量让消毒药充分发挥作用。任何好的消毒药物都不可能穿过粪便、厚的灰尘等障碍物进行消毒。

第二，充分了解本场所选择的不同种类消毒剂的特性，依据本场实际需要的不同，在不同时期选择针对性较强的消毒剂。

第三，配消毒液时应严格按照说明剂量配制，不要自行加大剂量。浓度过大会刺激猪的呼吸道黏膜，诱发呼吸系统疾病的发生。使用消毒剂时，必须现用现配制，混合均匀，避免边加水边消毒等现象。用剩的消毒液不能隔一段时间再用。任何有效的消毒，必须彻底湿润欲消毒的表面，进行消毒的药液用量最低限度应是 0.3 升/米^2，一般为 $0.3 \sim 0.5$ 升/米^2。

第四，消毒时应将消毒器的喷口向上倾斜，让消毒液慢慢落下，千万不要对准猪体消毒。

第五，不能混用不同性质的消毒剂。在实际生产中，需使用两种以上不同性质的消毒剂时，可先使用一种消毒剂消毒，60分后用清水冲洗，再使用另一种消毒剂。不能长久使用同一性质的消毒剂，坚持定期轮换不同性质的消毒剂。常用消毒药使用方法见表2-7。

表2-7 常用消毒药使用方法

消毒药种类	消毒对象及适用范围	配制浓度
氢氧化钠	大门消毒池、道路、环境	3%
	猪舍空栏	2%
生石灰	道路、环境、猪舍墙壁、空栏	直接使用调制石灰乳
过氧乙酸	猪舍门口消毒池、赶猪道、道路、环境	1:200
卫可	生活办公区、猪舍门口消毒池、猪舍内带猪体消毒	1:1 000
信得消毒剂	生活办公区、猪舍门口消毒池、猪舍内带猪体消毒	1:800
信得菌毒杀	生活办公区、猪舍门口消毒池、猪舍内带猪体消毒	1:1 000
信得金碘	生活办公区、猪舍门口消毒池、猪舍内带猪体消毒	1:2 000

第六，猪场应有完善的各种消毒记录，如入场消毒记录、空舍消毒记录、常规消毒记录等。

三、"全进全出"的饲养制度

（一）"全进全出"的概念

"全进全出"是健康养殖中控制疾病的一种重要手段，即整个养殖场或整个猪栏同时进猪、同时出栏的一种养殖模式，其核心是病原菌的控制。某一阶段饲养结束后，清洗栏舍后彻底消毒，灭虫灭鼠，空栏。将病弱猪集中起来，相当于将猪病病原体集中起来，对患猪做有效处理，相当于对病原体进行有效处理。对猪群进行一次保健，以降低体内病原菌，提高机体抵抗力。

（二）"全进全出"制度实施的必要性

1. 实施"全进全出"制度是防控疫病非常有效的手段

在猪病形势日益严峻化的今天，没有实施"全进全出"制度的猪场往往疫病比较多，主要原因是不同批次的猪有机会在一起，所以上一批次的猪所携带的病原又把下一批猪给感染了，存在交叉感染情况，这种现象在许多猪场的保育舍尤为多见。相反，如果能够实施"全进全出"制度，则一批猪全部转出去以后就可以空出一段时间（3～7天）对猪舍进行充分的消毒，从而有效地切断了病原往下一批猪传播的途径，减少了疫病的发生。如与"多点式"隔离生产相结合，可将疫病带来的损失降低到最小。

2. "全进全出"制度便于进行组织生产

同一批次的猪饲养在一起，由于其日龄相近，这样就避免了同一栋猪舍的猪要喂不同种类和阶段的饲料，也便于统一进行接种疫苗和驱虫，从而大大方便了生产管理。

3. "全进全出"制度的实施有利于生产效益的提高

由于"全进全出"制度的实施，减少了猪群中疾病的发生，也就降低了药物与防疫费用，降低了生产成本，同时也提高了生产效率，有助于猪场生产效益的提高。

（三）如何确保"全进全出"制度的顺利实施

1. 运用小单元设计理念，合理设计猪舍

集约化猪场根据母猪的繁殖节律进行生产，拿一个万头猪场来说，每周都有27～28头母猪参加配种，25～26头的母猪分娩，225头左右的子猪断奶并进入保育舍，213头左右的猪转入育肥舍，208头左右的猪出栏。根据上述理论,可以将产房设计成容纳 26 个产床的小单元,保育舍设计成容纳 24 个栏(每栏 10 头)的小单元,育肥舍设计成容纳 22 个栏(每栏 10 头)的小单元。避免将猪舍设计成大通间式的结构,这样虽说一栋猪舍内容纳的猪数多了,但是也给疫病的流行创造了条件,根本做不到"全进全出"。

如果是老猪场,也要对猪舍进行相应的改造,可以将原有的大通间结构从中间进行隔开,使其成为独立的小单元式猪舍。这里特别需要注意的是,不同小单元之间的排污一定要独立。另外,如果不能做到全场内每个阶段的猪都"全进全出",这时最起码要保证产房和保育舍内的猪要做到"全进全出"。

2. 猪舍转空后消毒要彻底

同一栋猪舍内的猪全部转空后,如不进行彻底的消毒,那么"全进全出"也就丧失了其应有的意义。下面这种消毒方法可以作为一种参考。先用高压水枪将猪舍先冲洗干净,包括猪床、饲槽、走道、墙壁、天花板,特别是粪尿沟,然后用 2% ~3% 的氢氧化钠(烧碱)溶液对猪舍进行喷雾消毒,再用高压水枪冲洗干净,接着用另外一种消毒剂(如复合醛类消毒剂)对猪舍进行喷雾消毒,然后再用高压水枪冲洗,最后用福尔马林和高锰酸钾进行密闭熏蒸消毒。消毒时间加空栏时间达到 7 天后重新进下一批猪。

3. 恰当处理猪群中出现的弱猪

对待猪群内出现的没有达到转栏体重的弱猪,要根据实际情况进行恰当的处理。比如说,那些自身有无法治愈疾病的病猪,这时就要果断进行淘汰,治疗后无经济价值的猪也要进行淘汰,绝对不可将其留在原圈继续饲养。

四、扑灭机制

诊断对猪场发生或怀疑有传染病时,及时而正确的诊断是防疫工作的重要环节,关系到能否正确的实施防疫灭病的措施,减少损失,如不能正确诊断时,应尽快采取病料送有关业务部门检验,在未得出结果前,应根据初步诊断,采取相应紧急措施,防止疫病的蔓延及扩散。

(一)隔离

当猪群发生传染病时,应尽快做出诊断,明确传染病性质,立即采取隔离措施。隔离措施可根据猪发病数量而定,若发病猪少,可挑出病猪隔离到隔离舍(图 2-29)或较偏僻的地方。若发病猪多,则可挑出健康猪进行隔离,发病猪留在原猪舍。有条件的猪场,最好在猪发病过程能将患病猪、疑似患病猪、假定健康猪分开,以便于观察、治疗和处理。一旦病性确定,对假定健康猪可进行紧急预防接种。隔离开的猪群要专人饲养,饲养管理用具要专用,人员不要互相串门。根据该种传染病潜伏期的长短,经一定时间观察不再发病后,经过消毒后解除隔离,隔离是防治传染病的重要措施之一。

图2-29　病猪隔离舍

(二)封锁

对发生及流行某些危害性大的烈性传染病时(如暴发一类传染病),应立即报告当地政府部门,划定疫区范围进行封锁。封锁要根据该疫病流行情况和流行规律,按"早、快、严、小"的原则进行。封锁是针对传染源、传播途径、易感动物群3个环节采取相应措施。在实施封锁时,要做到几点:第一是禁止易感动物进出封锁区,对必须通过封锁区的车辆和人员进行消毒;第二是对患病动物进行隔离、治疗、急宰或扑杀,对污染的饲料、用具、畜舍、垫草、饲养场地、粪便、环境等进行严格消毒,动物尸体应深埋、销毁或化制,未发病动物及时进行紧急预防;第三是对疫区周围威胁区之易感动物进行紧急预防,建立免疫带。封锁的解除,应在最后一头患病动物痊愈、急宰或扑杀后,根据该病的潜伏期,再无新病例发生时,经过全面消毒后,报请原封锁机关解除封锁。

(三)紧急预防和治疗

第一,一旦发生传染病,在查清疾病性质之后,除按传染病控制原则进行诸如检疫、隔离、封锁、消毒等处理外,对疑似病猪及假定健康猪可采用紧急预防接种。预防接种可应用疫苗,也可应用抗血清。为使得被接种猪能较快产生免疫力,在接种时疫苗可适当加大剂量,接种后对猪应加强观察,一般来讲,猪若未潜伏感染,通过紧急预防接种,能产生良好的免疫力。对有治愈希望的病猪,应及时进行治疗,以减少经济损失。

第二，在疫区应用疫苗紧急接种时，必须对所有受到传染威胁的猪逐头进行详细观察和检查，仅对正常无病的猪以疫苗进行紧急接种，对病猪及可能已受到感染的潜伏期病猪，不能再接种疫苗。由于在外表正常无病的猪中可能混有一部分潜伏期患猪，这一部分猪在接种疫苗后不能获得保护，反而促使它更快发病，因而在紧急接种后一段时间内猪群中发病数反有增加的可能，但由于这些急性传染病的潜伏期较短，而疫苗接种后又很快产生抵抗力，使发病数不久可下降，能使流行很快停息。可见使用疫苗产生免疫力的时间要比发生传染病的潜伏期短时，才可进行疫苗的紧急接种，这样会收到良好的效果。同时，治疗应与预防相结合，在治疗的同时，做好消毒及其他防疫工作，以控制其蔓延，达到防止结合的目的。

第三，治疗根据病原体分为特异性疗法、抗生素疗法和化学疗法。特异性疗法系应用针对某种传染病的高免血清（抗血清）或痊愈血清（或全血）等特异性生物制品进行治疗。如抗破伤风血清对治疗破伤风具有一定效果。血清治疗时，如为异种猪血清，注意防止过敏。抗生素疗法，应选用对病原体最敏感的药物，有条件最好做一下药敏试验，如革兰阳性菌可选用青霉素和四环素类，革兰阴性菌可选用链霉素、氯霉素。在应用抗生素治疗时，要考虑药物剂量要足，特别是起始剂量要大，但又不要滥用。化学疗法最常用的药物是磺胺类药物、抗菌增效剂及硝基呋喃类药物。磺胺类药可抑制多数革兰阳性菌和部分革兰阴性菌，而且对某些原虫（如弓形体）亦有较好防制作用，其与抗菌增效剂联合使用，效果更佳。硝基呋喃类药物对多种革兰阴性和阳性细菌有拮抗作用，这类药物性质比较稳定，多数细菌对其不易产生耐药性。

第四，淘汰病畜，淘汰病畜也是控制和扑灭疫病是重要措施之一。某些传染病，尤其是病毒性传染病，迄今尚无良好的治疗药物；一些病，虽然有药物可以治疗，但疗效不够理想或且治疗需要很长的时间，在治疗上所花费的费用要超过动物本身的价值；或病畜对周围人、畜有严重的传染威胁时，可以宰杀病畜。在一个地区，发现过去从未发生过的危害性较大的传染病时，为了防止疫病蔓延和扩散，也应果断地淘汰病畜。病畜的淘汰，应该严格遵循在严密消毒的情况下进行。切防由于淘汰宰杀病畜过程由于处理、消毒不够严格，反而造成疫病的扩散的后果。①尸体在特设的加工厂中加工处理，既进行了消毒，而且又保留许多有利用价值的东西，如骨粉、肉粉等。②掩埋，防范简便易行，但是不能彻底地处理。掩埋尸体时应选择干燥、平坦且距离住宅、道路、水井、牧场及河流较远的偏僻地区，深度在2米以上。③腐败，将尸体投入专用的直径 3 米、深 6~9 米的腐败深坑井中。坑用不透水的材料砌成,有严密的盖子,内有通气管。此法较掩埋法方便合理,发酵分解达到消毒目的,取出做肥料。但此法不适用炭疽等芽孢菌所致疫病的尸体处理。

第五节　猪场废弃物的处理

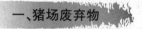

一、猪场废弃物

(一)猪场废弃物的种类

粪便等固形物,主要包括猪排泄的粪便、废饲料、废弃垫料等。尿污等污水包括猪排泄的尿液、圈舍冲洗水和生活污水。病死猪尸体和解剖后猪的器官。特殊废弃物包括组织样品、过期失效药品、医疗废弃物等。

(二)猪场废弃物对环境的污染

1. 大气污染

规模养猪场臭气包括猪粪散发出的恶臭,猪的皮肤分泌物、黏附于皮肤的污物、外激素、呼出气体等产生的养猪场特有难闻气味外,还有废弃物腐败后分解释放出氨、硫化氢、甲基硫醇、三甲基胺等带有霉酸、臭蛋、臭腥等刺激性气味,这种臭气对养殖场(小区)周围的大气环境造成严重污染。这些臭气长年产生、长期存在,人长期生活在这种恶劣环境之中,会敏感恶心,导致内分泌紊乱,免疫力降低,影响身体健康。猪群体生产力下降、发病率升高。由猪场排出的大量的粉尘携带数量和种类众多的微生物,并为微生物提供营养和庇护,大大增强了微生物的活力和延长了其生存时间,从而扩大了其污染和危害范围。尘埃污染使大气可吸入颗粒物增加,恶化了养猪场周围大气和环境的卫生状况,使人和动物的眼睛、呼吸道发病率提高;微生物污染则可引起口蹄疫、猪肺疫、猪布氏菌病、真菌感染等疫病的传播,危害人和动物的健康。

2. 水体污染

目前我国 98% 以上的养殖场都没有对其排出的粪便污水进行任何处理而直接排放,蚊蝇滋生,细菌繁殖,疾病传播。随意排放的污水经地表面直接进入水域或进入农田,可使庄稼徒长、倒伏、结实率低,造成少收或绝收等;水域中的藻类等生物则获得丰富的养分而大量繁殖,从而过多消耗水中的氧,而严重影响鱼虾等水生动物生存,破坏水域生态;废弃物渗入地下还可造成地下水中的硝酸盐含量过高；病原微生物随粪尿等污物进入水体后，以水为媒介进行传播和扩散，造成某些疫病的暴发和流行，殃及人和动物的健康，并带来经济损失。

3. 土壤污染

铜、锌作为猪的代谢促进剂不论现在还是将来都仍然应用在养猪业中，因此铜、锌制剂在养猪业中的用量不可低估，大部分铜、锌随粪尿排出体外而进入环境，猪场废水中的铜、锌含量超出环保要求的排放标准和农业灌溉用水标准。一旦过量施入土壤，便会造成土壤成分和性状发生改变，破坏了土壤的基本功能。

二、猪场废弃物的处理

(一)废弃物处理原则

1. 经济化的原则

畜禽养殖业从总体上看整体利润率不高，而污染又相当严重，如果污染治理成本过高将使养殖业难以发展，只有通过科技进步，在资源化和减量化的前提下，研制高效、实用特别是低廉的治理技术，才能真正实现畜禽养殖业的经济效益与环境保护的"双赢"。

自古以来，我国农民饲养的动物所排的废弃物都被储存在粪池中，在种植农作物中作为主要的肥料来源，这是典型的"水泡粪"发酵后还田的处理模式。鉴于我国畜禽养殖污染物排放量大的特点，在环境管理上，要强调资源化原则，即在环境容量允许条件下，使畜禽废弃物最大限度地在农业生产中得到利用。利用形式也可以多元化，国外已经有很好的例子，按照合理的土地载畜量，我们现在的废弃物还远没有达到饱和的程度。所以，现阶段应该坚持走以"还"为主的处理方式。

2. 减量化原则

通过多种途径，实施"饲料全价化、雨污分离、干湿分离、粪尿分离"等手段削减废弃物的排放总量，减少处理和利用难度，降低处理成本。猪的品种、饲料日粮的不合理搭配等都会影响到猪对饲料的利用率和排泄物中各营养元素的含量，饲料配方合理化可提高饲料的利用率，减少猪粪便的排放量，尽量不用水冲粪工艺。水冲粪工艺造成水资源浪费严重，而且固液分离后，粪便一经产生便分流，干粪由机械或人工收集、清扫、运走，尿及冲洗水则从下水道流出，分别进行处理。通过投资相应制造有机肥设备，把粪便加工成有机肥。猪场最好建有盖蓄污池,不仅可以彻底地把雨水和污水分开,还可以有效减少粪污中氨的释放,保持较高的肥效。正确地选用和安装自动饮水器、水槽,正确的水流速度都会减少水的浪费。在正式冲洗中使用高压冲洗器,彻底清洗,减少冲洗用水量和冲棚时间等,这样大大减少了猪场污水排放总量,尤其是冲棚水,达到减量化目的。欧洲猪场几乎没有饮水浪费,冲棚水使用量仅占污水总量的10%,而我国目前达到了100%~150%,这也是我们污水处理难、处理费用高、环保压力大的重要原因。

(二)废弃物的处理

1.还田做肥

粪便等固形物经无害化处理符合 GB 7959—87 要求后可直接还田,也可生产商品有机肥还田。(粪肥用量不能超过作物当年所需的养分量)可销售到本地或更远的地区,实现在更大区域内的种养平衡。再利用天然或人工的湿地、厌氧消化系统对污水进行净化处理。通过资源化处理畜禽粪便和污水,实现畜禽养殖经济效益和环境效益的双赢。厌氧发酵是利用自然微生物或接种微生物,在缺氧的条件下,将有机物转化为二氧化碳和甲烷,其优点是杀灭病原微生物,产生的甲烷可以作为能源利用,缺点是氨气挥发损失多,体积大,只能就地处理,技术含量较高,产气量受温度(季节)影响较大,并且要有一定规模的投资。

2.处理后排放

对于那些耕地少、土地消纳量小,无条件还田的地方,即使通过发酵等中间工艺也不能达到直接排放大自然标准,而当地必须就地发展畜禽养殖业的区域,则须建设污水处理工程,通过固液分离后,对固体废弃物生产有机肥或其他无害化处理,对废液进行工程化处理,实现达标排放,这样的工艺成本非常昂贵,在国内外应用都非常少。

3.其他污染物的处理

一般病死猪可在毁尸坑进行无害化处理,对发生国家一类传染病的病、死猪及其污染物,使用焚尸炉进行处理,应单独收集,有效隔离,按照法律法规的相关规定处理,并做好记录;特殊废弃物运输应进行有效包装,确保不造成污染。

4.生态还田模式(图 2-30)

国外现在采用生态还田的模式,实现种植业与养殖业之间的良性循环,在丹麦和比利时主要采用的模式有:粪水—发酵—还田,粪水—沼气发电—沼液还田,粪水—固液分离—有机肥和电极分解—还田,但是这些处理模式的应用费用很高,需要政府的资金支持才能实行。

图2-30　沼液还田

第三章　生猪品种与种业安全控制技术

　　猪的性状是在发育过程中逐渐形成的,因而有必要对种猪个体发育的不同时期侧重不同性状进行选择。种猪是养猪生产的核心,又是猪群再生和扩大的源泉。由于规模种猪场采用的都是工业化养猪,流水式生产作业,猪群周转比较快,种猪个体的更新比较频繁。同时,种猪作为产畜价值比较高,使用年限比较长,因此选择种猪个体,明确其种用价值显得尤为重要。

第一节　保种与引种

一、现代养猪业中猪种资源的特点

对猪种资源分布、利用和猪种特性方面，现代养猪业形成了以下一些特点：

1. 世界猪种资源极其丰富

《家畜品种词典》记录了超过 300 个"未灭绝的猪种"，其中 89 个是"重要的和获承认的品种"。

2. 世界半数以上猪品种分布在中国

中国地方猪品种数量多，遗传差异性大，据 2002 年 8 月完成的《中国畜禽品种资源名录》，我国地方猪品种有 75 个，培育品种 16 个，从国外引进经过我国长期风土驯化的猪种 6 个，共计 97 个。

3. 现代养猪业利用猪品种数量很少

虽然有如此多的品种资源，现代养猪业在主体上只利用了其中很少的品种，特别在养猪业发达国家，这种现象非常普遍。目前，欧盟国家中长大或大长母猪占所有能繁母猪的比例高达 66%，仅大白猪一个品种对整个欧盟养猪生产的贡献率就达 30%。从全世界范围来看，杜洛克猪、长白猪、大约克猪、汉普夏猪和皮特兰猪是现代养猪商品的五大当家品种。

4. 集中利用高生产性能猪品种

养猪发达国家为追求高的经济效益，集中利用高生产性能猪种的做法正逐渐被世界其他国家尤其是发展中国家效仿，这对迅速提高这些国家的养猪生产水平确实能起到事半功倍的效果，但如果不进行合理引导和调控，不对传统猪种资源进行必要的保护，会导致丰富的猪种资源迅速衰落。

5. 开展品系杂交利用

现代养猪业普遍使用的品种在二三百年前就已育成，近代虽然有培育新品种的尝试，但这些新品种未被商品养猪业广泛接受。现代猪育种不可以培育新品种为目标，而是以传统品种为基础，根据需要培育一定特色的品系，对品系开展杂交利用。

6. 现代猪育种追求最大化经济效益

现代猪育种以经济效益最大化为目标，追求高的生长速度、瘦肉率和饲料利用率,普遍忽略了对适应性和病理性状的选择,导致现代商业猪种的生理平衡被打破,必须配备舒适的环境才能表现出本身的高遗传性能。这种所谓的舒适环境是耗费大量的能源和畜舍投资来控制温度、相对湿度和空气等实现的,属人工环境,而非生态环境。

7. 现代猪育种侧重提高生产性能

现代猪育种侧重于从遗传上提高猪的生产性能,不再像过去纯种选育中强调外形性状,如丰满度、毛色、耳形等。

二、我国地方猪种种质资源的保存

我国地方猪种的保护工作开展比较早,新中国成立后,我国就建立了不少的地方种猪场,并做了大量的工作,因此大部分猪种得到了保存。在 20 世纪 70 年代末,在农业部领导下,由许振英教授等老一辈畜牧学家主持全国大学、科研院所及大的养猪企业参与开展了中国猪种种质的研究,对有代表的 10 个猪种进行了种质测定,对中国猪的特性做了比较详细的分析和较清楚的了解,并明确了我国地方猪种存在的一些国外猪种不具备的特殊种质。

到了 20 世纪 90 年代,我国正式参加了联合国畜禽资源多样化保护公约,对地方猪种的保护给予了很大的重视,组织了专门的委员会领导猪种资源的保护。国家经过科学研究及论证,确定了 19 个猪种作为重点保护猪种,加强了保重猪场的建设及投资,开展了大量科研工作,取得了相当可观的成就。

但是由于市场经济的发展,国外猪种的引进,对地方猪种的保种、利用及提高产生了一定的消极影响。

我国种猪资源的保存是一项极为重要的、影响我国甚至世界养猪业发展的工作。但是这项工作是一项非常专门的工作,要求有一定的群体,在养育过程中,不仅进行选择及避免近交,以免基因的流失,还要对这些中国的种质资源进行开发和再认识,还要探索一些新的生物技术,工作量和技术要求十分高,因此这项专门的工作必须有专门的投入。在此基础上可由国家组织并有企业和私人参与的专门基金来支持开展这项工作。由于我国地方猪种确实有一定的特点,再加上我国政府的各级农业部门及专家的重视和辛勤工作,因此我国大部分猪种还是得到了保存。农业部专门组织了盛志廉教授等专家组成中国地方猪种资源保护委员会,专门开展地方猪种的保护研究工作,目前已取得了比较理想和重要的进展。

现代商品化养猪生产集中利用少数几个高度选育、经济价值高的品种或专门化的品系,并由于其市场竞争力强而将诸多缺乏竞争力的地方猪种淘汰出市场,使世界猪种资源日趋匮乏。我国虽然有较丰富的猪种资源,但大量外来猪种的盲目引进和与我国地方猪种的无序杂交,造成原有地方猪种数量锐减,不少地方猪种已濒临灭亡或已消亡,如河北定县猪、河南项城猪和浙江虹桥猪等。猪种资源的丧失是不可逆的,一个品种就是一个基因库,其中蕴藏的大量基因信息和遗传特性也将随之消失。因此,我国地方猪种资源保护势在必行。

1. 我国地方猪种资源保存的内容

保种的内容包括种群遗传多样性分析、种质特性研究和品种保存 3 个方面的内容。

(1)种群遗传多样性分析　为了确定遗传资源的独特性、遗传基础的宽窄以及濒危与否等,需要对品种间、品种内基因组差异程度进行分析与估计。我国地方猪种资源多,很难一一保存,准确评估遗传多样性及品种间遗传距离,可以科学合理地确定优先保种次序,制订保种方案。目前,微卫星已被推荐为评估遗传多样性的最理想分子标记。

(2)种质特性研究　想要成功保种,离不开对猪种种质特性的深入了解。传统的方法是从形态学、解剖学和生理生化等反面对种质特性进行描述和分析。动物基因组学的研究成果,已能对猪种质资源的特异性功能基因或 QTL 进行鉴定、分离、克隆和定位,为用分子育种手段改良猪种奠定了基础。

(3)品种保存　有了对我国地方猪种资源的遗传多样性分析和种质特性研究后,我们就要以此为基础开展保种工作。必须注意,保种的对象是群体,而不是某些性状或基因。目前我国一般采用原位保存法进行活体保种,即在品种原产区划定良种基地,建立一定数量的保种群。为达到 100 年内群体近交系数不超过 0.1,保种群有效群体大小应不低于 200 头,世代间隔尽量与生产中的种畜群接近,为2.5年,公母畜比例一般推荐为 1:5,各品系按性别比例等量留种,但不一定要采用随机交配,要有目的地避免全同胞或半同胞交配,以降低近交率,提高保种效果。

猪种资源的保存还可以是冻精、胚胎甚至细胞株,DNA 文库也正被研究,有望成为一种新型的遗传资源保存方法。这些保种方法由于不受群体大小限制,减轻了自然选择、近交和遗传漂变的影响,能节省保种经费,极具应用前景。但在相当长的时间内,活畜保种还是主要方式。

2. 我国地方猪种资源保护与利用要注意的问题

第一,保种虽然有长远的社会和经济效益,但短期而言是缺乏经济效益的,所以我国猪种资源保护基本是政府行为,国家专门成立国家畜禽遗传资源管理委员会,下达专门项目,安排专项经费,以保证著名地方猪种保护与开发利用工作顺利进行。

第二,当某个品种(或品系)纳入保种规划(或计划)时,应当要有一个保种的优化设计(或方案),明确提出保种目标、种群大小、世代间隔长短、公母畜最佳性别比例和允许的近交程度等内容,使有限的资金投入达到最大的效益,并有利于检查保种工作的成效。

第三,保种的目的是为了利用,不仅要考虑当前的可利用性,也要考虑今后的可利用性,对一些目前无法知道是否有用的猪种,如果条件许可,尽可能多保种。

第四,保种应尽可能和利用相结合,或是把从利用中取得的经济效益部分投入保种中去,为畜牧业的可持续发展提供种质资源。

第五,保种与育种不是选与补选的关系,许多育种技术可用于保种群体,但对保种群的选育必须和保种目标相一致,不一定要追求某一方面的高产。

第六,畜禽遗传资源的管理要及时反映动态的变化,信息技术和计算机技术的引进有利于资源的现代化管理。遗传资源的保存和利用要积极利用分子生物学和分子遗传学成果,积极探索分子水平的保种方法。

三、主要外来猪种

外来猪种又称为国外引进猪种、引进品种和瘦肉型猪种,是适合商业化生产的现代商业猪种,是当前集约化养猪的主体。与中国地方猪种比较而言,外来猪种在种质特性方面表现为生长速度快,饲料利用率高,屠宰率和胴体瘦肉率高,但繁殖性能一般,肉质欠佳,抗逆性差。在我国目前饲养条件下的一般水平为:30~100千克育肥期平均日增重650~800克,料重比(2.5~3.0):1,100千克体重屠宰率70%~75%,胴体瘦肉率64%以上,母系猪产活子数10头左右,父系猪产活子数9头左右。

1. 杜洛克猪(图3-1)

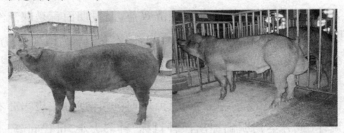

图3-1 杜洛克猪

(1)产地及育成简史 杜洛克猪原产美国,由纽约州的杜洛克、新泽西州的泽西红、康涅狄格州的红毛巴克夏和福蒙特州的 Red Rock 猪通过建立统一的品种标准育成,1883 年开始统称为杜洛克-泽西猪,并成立了统一的育种协会,后简称为杜洛克猪。早期杜洛克猪为脂肪型品种,皮薄、骨粗、体长、腿高、成熟晚。20 世纪 50 年代起逐步向瘦肉型方向培育,育成了世界著名的瘦肉型猪种,成为目前世界上数量最多和使用最广泛的品种之一。

(2)品种特性 全身被毛棕色,允许体侧或腹下有少量暗斑点,与其他外来品种比较,被毛较粗。头中等大小,嘴短直,耳中等大小,略向前倾。背腰弓形或平直,腹线平直,体躯较宽,肌肉丰满,后躯发达。四肢粗壮结实,蹄呈黑色。

杜洛克猪的毛色从浅黄到暗棕色都符合品种特征,但不允许出现黑毛和白黄相间的沙毛。毛色的遗传不是很稳定,即便同一窝猪也经常颜色深浅不一。杜洛克的红毛虽然是其最明显的品种特征,但深陷的有色毛囊影响了杜洛克纯种猪带皮猪肉出售时的外观,屠宰时剥皮又会使生产者和屠宰者的收益都减少,使红毛在一定程度上成为杜洛克猪的缺点,所以一些育种组织已育成白毛杜洛克品系来克服此问题,红毛和白毛由同一基因控制,所以改变杜洛克猪的毛色只需以白毛等位基因替换红毛基因。

(3)品种特性 ①与母系品种比较而言,繁殖力不高,平均窝产子数 9~10 头,泌乳力一般,故不宜做母系。②增重速度快,饲料利用率高,胴体瘦肉率高,适合做父系。国内引进的杜洛克猪与长白猪、大约克猪比较而言,增重速度的优势并不明显。③适应性强,比较耐粗,抗应激的能力强,PSE(苍白、松软、渗出)猪肉发生率低。④肉质明显比长白猪、大约克猪、汉普夏猪和皮特兰猪好,肌肉脂肪含量高,大理石纹分布多而均匀,嫩度和多汁性较好,适合用于优质猪生产。

(4)生产性能 ①繁殖性能:母猪初情期 170~200 天,适宜配种日龄

220～240天,体重120千克以上。母猪总产子数,出产8头以上,经产9头以上;21日龄窝重,初产35千克以上,经产40千克以上。②生长发育:达100千克体重的日龄为175天以下,饲养利用率2.8以下,100千克体重活体背膘厚15毫米以下,100千克体重眼肌面积30厘米² 以上。③胴体品质:100千克体重屠宰,屠宰率70%以上,眼肌面积33厘米²以上,后腿比例30%以上,胴体背膘厚18毫米以下,胴体瘦肉率63%以上。

肉质优良,无肉灰白、柔软、渗水、暗黑、干硬等劣质肉。

(5)不同来源杜洛克猪的比较　我国1978年首次从英国成批引进杜洛克猪,以后陆续从美国、匈牙利、丹麦以及我国台湾引入较大数量。目前国内杜洛克猪主要有两种类型,一是台系杜洛克,以体型极度丰满紧凑著称,由于其后代基本能遗传这种健美体型,比较受按体型论价的我国大陆市场欢迎,特别受外贸出口猪场欢迎,曾经风靡一时。但由于对体型过度选育,影响了繁殖性能和生长性状,出现公猪无性欲和死精等现象,产子数不高,生长速度不快,肉质下降,正被市场冷落。另一类杜洛克以美系、丹系为代表,注重生长、繁殖和肉质性状的选育,不特别强调体型丰满度。该类杜洛克生产性能高,但体型不如台系杜洛克丰满,虽正逐步被市场接受,但还是有相当部分客户不喜欢,主要是我国还没有建立起屠宰后定价的体系,选购种猪和销售肉猪在很大程度上以肉眼评定品质。

2. 长白猪(图3-2)

图3-2　长白猪

(1)产地及育成简史　长白猪原名兰德瑞斯猪,原产地丹麦,因体躯长和毛白而在我国被称为长白猪。长白猪的培育源于1887年德国禁止进口丹麦的猪肉和活猪,丹麦猪培育方向不得不从脂肪型转为适应当时英国市场的腌肉型,从而引进大约克猪与本地日德兰土种猪杂交育种,后来根据英国猪肉市场从腌肉型消费向瘦肉型消费的转变又适时调整了培育方面,终于育成了新型瘦肉型猪种——长白猪。

（2）品种特性 体躯长，被毛白色，允许偶有少量暗黑斑点。头小颈轻，鼻嘴狭长，耳较大向前倾。背腰平直或微弓，后躯发达，腿臀丰满，整体呈前轻后重，外观清秀美观。体质结实，四肢坚实。

（3）品种品质 ①繁殖力比较高，泌乳性能较好，产子多，适合作母系，又由于生长速度快、饲料利用率高，也适合用作父系。②生产性能虽高，但对饲养条件要求也高，饲料营养需求略高。③体质较弱和抗逆性较差，特别肢蹄问题比较突出，尤其在南方高温高湿地区。④肉质欠佳，欧洲长白猪的某些群体过去具有相当高的氟烷基因频率。据报道，丹麦长白氟烷基因阳性率为7%，英国长白为11%，瑞士长白为20%，瑞典长白为15%，法国长白为17%，荷兰长白为22%，德国长白为68%，比利时长白为86%，不过此基因已能被选择剔除，绝大多数长白猪群已实现氟烷阴性。在国外引进猪种中，长白猪的氟烷阳性率仅次于皮特兰猪。

（4）生产性能 ①繁殖性能：母猪初情期170~200天，适宜配种日龄230~250天，体重110~120千克。母猪总产子数，初产9头以上，经产10头以上；21日龄窝重，初产40千克以上，经产45千克以上。②生长发育：达100千克体重日龄为170天以下，饲料利用率2.8以下，100千克时活体背膘厚15毫米以下，100千克体重眼肌面积30厘米^{2}以上。③胴体品质：100千克体重屠宰时，屠宰率在72%以上，眼肌面积35厘米^{2}以上，后腿比例30%以上，胴体背膘厚18毫米以下，胴体瘦肉率63%以上。

肉质优良，无肉灰白、柔软、渗水、暗黑、干硬等劣质肉。

（5）不同品系长白猪比较 兰德瑞斯本意是地方品种（指当地占主导地位的品种），许多国家从20世纪20年代起相继从丹麦引进长白猪，结合本国自然经济条件，经长期选育育成本国的长白猪。绝大多数欧洲国家都拥有他们自己的可与别国以资区别的长白猪品种，如英系、德系、法系、荷系等。我国于1964年首次引入长白猪，引种较多的是老丹系、新丹系和美系。老丹系体长但前胸不宽，显得单薄，耳前倾但较大，显得下垂，生产性能不如新丹系高；新丹系前胸变宽，丰满度大大提高，从而体躯看上去不如老丹系长。新丹系的耳形已变小，但仍前倾，四肢仍较细；美系起源于丹麦但掺有挪威长白猪一些品系的血统，近年来引入我国的美系长白猪身体非常丰满，四肢比较粗壮，但肢蹄问题还是比杜洛克猪和大约克猪多。

生猪标准化安全生产关键技术

3. 大约克猪(图 3 – 3)

图 3 – 3　大约克猪

（1）产地及育成简史　大约克猪原产于英国北部的约克郡及周边地区，原产地猪种体型大、被毛白色偶有黑色斑点，后引入中国猪种等进行杂交育成，1852 年正式确定为新品种，定名约克夏猪。原有大、中、小三种类型，随着社会发展和不断地选育，目前只有大型约克夏猪在国内外广泛饲养，其因体型大，毛为白色，故又名大白猪。目前它已经出口到世界上几乎每个国家，成为最普遍使用的商业品种之一。

（2）品种特征　全身被毛白色（允许眼角和尾根部偶有斑点）。头大小适中，鼻面直或微凹，耳竖立。背腰和腹线平直，肢蹄健壮，前胛宽，背阔，后躯丰满，体呈长方形。

（3）品种特性　①具有增重快和繁殖力高的优点，胴体性状也比较优良，既合适作父系又合适作母系，在欧洲被誉为"全能品种"。②肢蹄粗壮，适应性好，在全世界分布很广。

（4）生产性能　①繁殖性能：母猪初情期 5 ~ 7 月龄，公猪 6 ~ 8 月龄性成熟，8 月龄体重或达 120 千克以上可以配种。初产母猪窝总产子数 9 ~ 11 头，21 日龄窝重 45 千克以上；经产母猪窝总产子数 10 ~ 12 头，21 日龄窝重 50 千克以上。②生长发育：达 100 千克体重日龄在 180 天以内，30 ~ 100 千克体重阶段，平均日增重 750 克以上，饲料利用率 2.8 以下。体重达 100 千克时，最后肋、腰荐结合处距背中线 5 厘米的平均活体背膘厚 12 ~ 16 毫米，第十至第十一肋活体眼肌面积 30 厘米^2 以上。③胴体品质：体重达 100 千克时的屠宰率 70% 以上，通体第十至第十一肋眼肌面积 30 厘米^2 以上，胴体肩胛后缘、最后肋、腰荐结合处三点平均背膘厚 14 ~ 18 毫米，通体瘦肉率 60% ~ 68%。

无灰白、柔软、渗水、黑暗、干硬等劣质肉。

（5）不同品系大约克猪的比较　许多国家从英国引种后，根据本国养猪生产的实际情况和市场需求,培育成不同特点的大约克猪新品系,如加系大约克猪、美系大约克猪、丹麦系大约克猪和法系大约克猪等。加系大约克猪主要特点是四肢粗壮;美系大约克猪体细长而丰满;法系和丹系大约克猪繁殖力高;英系大约克猪分为两种类型,以父系为选育目标的英系大约克猪特别丰满,但不如美系大约克猪长,繁殖性能也低,以母系为选育目标的英系大约克猪繁殖性能较高,但丰满度不如父系特征的英系大约克猪。

4.汉普夏猪(图3-4)

图3-4　汉普夏猪

(1)产地及育成简史　汉普夏猪起源于英国南部的汉普夏郡,不过现代的汉普夏猪主要在美国肯塔基州布奥尼地区经引进英国汉普夏郡的黑背猪改良育成,1904年改名汉普夏猪,又出口到欧洲和世界其他区域。汉普夏猪原属脂肪型品种,后因市场需求逐渐培育成世界著名的瘦肉型猪种。

(2)品种特征和特性　毛色特征突出,被毛黑色,在肩部和颈部结合处有一条白带围绕,在白色与黑色边缘由黑皮白毛形成一条灰色带。头中等大小,耳竖立中等大小,嘴长而直。背微弓,后躯腿部肌肉丰满。

5.皮特兰猪(图3-5)

图3-5　皮特兰猪

（1）产地及育成简史　皮特兰猪原产于比利时，通常以为是当地的土猪与法国的贝叶猪杂交，再导入英国的泰姆沃斯或巴克夏猪改良培育而成。皮特兰猪育成史较短，1950 年才品种登记，1955 年首次出口至法国北部地区，1960 年出口至德国，随后陆续出口到其他国家。

（2）品种特征和特性　皮特兰猪体型中等，毛色灰白，带有大小形状各异的黑斑，有的个体混有部分红毛。头轻，耳中等大小，微向前。颈与四肢较短，前后躯特别丰满。

皮特兰猪繁殖力不高，产子数低于长白猪和大约克猪。生长速度和饲料利用率一般，特别在 90 千克后的生长速度明显降低。肌肉极其发达，胴体相当短但非常丰满，胴体的背膘薄，瘦肉率极高，甚至高达 70%，肉质不理想，肌纤维较粗，因皮特兰猪的氟烷基因率较高，容易出现 PSE 肉。

第二节　种猪的利用与引种

一、猪的种用价值

猪的性状是在发育过程中逐渐形成的，因而有必要对在种猪个体发育的不同时期侧重不同性状进行选择。种猪是养猪生产的核心，又是猪群再生和扩大的源泉。由于规模种猪场采用的都是工业化养猪，流水式生产作业，猪群周转比较快，种猪个体的更新比较频繁。同时，种猪作为产畜价值比较高，使用年限比较长。主要选择标准有以下几点：①体型外貌符合本品种特征。②外生殖器发育正常，无遗传疾患和损征，乳头排列整齐，有效乳头数长白猪和大约克猪 6 对以上，杜洛克猪 5 对以上。③种猪个体或双亲经过性能测定，主要经济性状，即总产子数、达 100 千克体重日龄和 100 千克体重活体背膘厚的 EBV 值资料齐全。④种猪来源及血缘清楚，档案系谱记录齐全。⑤健康状况良好，符合《动物防疫法》的有关要求。

二、种猪销售及引种

1. 种猪销售的注意事项

任何不经种猪场资格认证的猪场不得销售种猪。

种猪的生产场必须要有该种猪的销售资格，如二级种猪场不得销售纯种。

种猪出场应达到种用价值和出场要求。

合理确定本场种猪的目标市场，是销向原种场、扩繁场还是商品场，一般根据客户要求来确定种猪的选留标准和制定合理的销售价格。种猪作为新鲜产品，宜于根据品质采用分级定价的原则。

猪销售与养猪行情波动关系非常密切，需要根据行情及时调整种猪价格和销售策略，采用动态定价的原则。

种猪场必须构建安全的疫病防御体系。种猪的销售要面对来自不同猪场的客户，种猪场容易成为疫病传播的交叉点。为保证本厂的生产安全，以及树立健康无病的种猪品牌，须专门针对种猪销售对防疫的威胁制定严格的防疫制度和设置销售设施。

我国传统概念上销售种猪，一般是上门选猪，确实有疫病传播的风险，尝试销售精液、网上销售种猪是值得鼓励的。

国内对种猪质量的要求越来越高。随着我国养猪业的发展，各养猪业业主的养猪观念有了大的改变，不仅在生产设施、设备、技术、人才方面舍得投入，在购买种猪方面也舍得花钱，对种猪质量的要求也越来越高。一些大的种猪企业花大量外汇从国外引种，虽然很多出于商业宣传目的，但也说明了对种猪品质要求有所提高。而且，对种猪品质的评价，人们也逐渐意识到不能只看生产性能和遗传品质，还要重视健康程度。

完善的售后服务非常重要。随着我国种猪场如雨后春笋般发展起来，种猪市场的竞争日趋积累，卖种猪不仅仅只卖产品，还需要建立完善的种猪售后服务体系，及时解决客户在种猪利用和养猪生产经营中碰到的各种问题，在客户获得效益时实现双赢。

种猪品牌的概念已经开始建立。品牌就是质量和服务的保证，越来越多的养殖企业开始信赖品牌，培育品牌。

2. 种猪的引进

养猪企业每年必须要更新种猪，种猪年更新率为 25% ~ 40% ，一般商品猪场的种猪更新率低于种猪场。种猪的更新一般有自留和引种两种渠道。可以说，任何猪场都会面临引种的问题，即便那些本身形成了完整的三级杂交繁育体系的企业，或者那些处于育种上更新血缘和提高育种群的遗传变异程度的原种猪场，都会引种。

（1）种猪的选择　对于猪场来说，都希望购买到高产、健康、优秀的种猪，一旦把生产性能差的猪引入猪场，将给后续生产造成不可弥补的损失，因此必须掌握正确的引种方法。首先把挑选的种猪赶到一个空地上，人的活动区和猪应有一定距离,然后详细观察猪的整体状况。种猪的外形选择次序为:头型→背腰→后臀→四肢→腹部→乳房→生殖器(阴茎、睾丸、阴户)。具体选择标准为:①毛色和耳形符合品种特征,头清秀,下额平滑。②体躯长,腰背平直有力,公猪背部可微弓。③大腿丰满,后躯发育良好,飞节处附肉良好。④四肢正直,系短而有力、结实,腹线平直。⑤乳头在6对以上,无反转、瞎、凹乳头,分布均匀,无副乳头。⑥睾丸发育良好,大小一致,对称,阴茎包皮正常,阴户大小适中。⑦看系谱、档案记录。一般购买纯种猪时,由于回场后要进行纯繁,为防止近亲交配需要查看系谱资料。购买二元母猪用于商品猪的生产时,系谱资料意义不大,只要注意体型即可。

(2)引种的误区 种猪的更新率及更新质量关系到养猪企业的命运,引不到所需要品质的种猪,或者引进了疾病,对猪场造成的经济损失是严重的。但是许多引种客户在进行引种时存在很多误区。

1)重种猪质量和忽视疫病状况 猪场引种或者决策引种,主要是从育种的角度来考虑,所以引种一般是负责猪种的人员负责。他们在选购种猪时往往偏重于性能、体型和价格,而忽略了疫病这个关键要素。引进的同时把疾病也引入场,后患无穷。

2)重"体型"而忽视生产性能 这里所指的"体型"并非国外逐渐关注度肢蹄结实度等内容,而是我国多年来强调的丰满体型。由于我国还没有建立起屠宰后定价的机制,活猪价格(不管肉猪还是种猪)单靠肉眼评判,使引种时过分强调种猪的体型,只要是臀部大的猪,不管其内在生产性能如何就盲目引进。结果,引回的种猪要么生长缓慢和饲料利用率差,要么带来一系列的繁殖问题(公猪性欲差,软鞭多;母猪不发情,难产多)。引种时,公猪要侧重瘦肉率、胴体品质、肢蹄结实、生长速度、饲料利用率等性状;母猪则应侧重于阴户、乳头等特征,并需要重视产子数、泌乳力、生活力及母性品质等方面。

3)为节省引种成本而只注重价格低廉 特别是刚步入养猪行业的专业户,往往是只讲价钱不讲质量,而一旦发现购买的种猪质量比较差,繁育的后代生长速度慢、饲料利用率低、出栏时间长等问题时,已经给猪场带来了损失。选购种猪一定要到经过资格认证的种猪场,才有质量和健康的保证。

4)为节省饲料成本而喜欢大体重 在引进种猪时,如果为了节省饲料成本而选购过大体重的猪,将会得不偿失。这是因为:体重大的种猪多数是选择剩下的猪,挑选余地比较小;种猪体重适当可在引回本场后根据要求饲养,控制体况,会得到更好的使用效果;选购回的种猪,还需要有充分的时间来隔离、注射疫苗免疫、驱虫,如果买回的种猪特别是母猪体重已够大,意味着母猪配种时间将推迟,可能影响发情率和配种受胎率。

5)多家选购种猪　养殖场在购买种猪的同时,认为种源多、血缘宽有利于本场猪群生产性能的改善。但是每个猪场的病原或潜在病原差异较大,而引起疾病多数呈隐性感染,一旦不同猪场的猪混群后,容易暴发疾病。

6)盲目引进新品种而不注重猪的经济价值　从事养猪生产就应该选择理想的品种和杂交模式,不要盲目购买和饲养不适合自己发展的所谓新品种,否则就会在养猪行业上走弯路,带来意想不到的经济损失。

第四章　猪场饲料与兽医用品安全应用技术

　　饲料安全是动物性食品安全的重要环节,与人类健康密切相关。近年来发生的多起由饲料安全问题引发的食品安全有关问题的严重事件,使饲料安全问题已成为广大群众关注的热点,加强饲料安全生产过程关键点控制技术显得尤为重要。

　　猪场要建立合理、完善的药物预防方案,预防方案要依据本场实际和本地疫情的流行规律或临诊结果,有针对性地选择药物。预防所用药物,还必须有计划地使用,防止耐药菌株出现。并按照药物配伍禁忌要求配合用药,经常进行药物敏感试验,选择敏感药物投药,做到剂量充足,混饲时混合均匀,疗程足够。坚决做到不使用任何违禁药品,严把药物的休药期,防止药物残留对人的健康造成不良影响。

第一节　饲料安全控制技术

一、饲料安全的重要性

饲料安全是指饲料产品（包括饲料和饲料添加剂）中不含有对饲养动物健康造成实际危害，而且不含在养殖产品中残留、蓄积和转移的有毒、有害物质或因素；饲料产品以及利用饲料产品生产的养殖产品，不会危害人体健康或对人类的生存环境产生负面影响。

饲料安全是动物性食品安全的保证。饲料安全受多种因素的影响：①饲料原料在生产过程中受到工业"三废"的污染以及过度施用含氯、砷等重金属、非金属的农药，使饲料的安全性下降，从而影响到猪肉产品的安全性。②饲料原料本身含有一种或多种有毒有害的成分，如植物性饲料中的生物碱、酚类物质、蛋白酶抑制剂等；动物性饲料中的组胺、抗硫胺素、抗生素等。这些有毒有害成分，轻者降低饲料的营养成分，重者引起生猪急性中毒，严重的可导致生猪死亡。③饲料在储存、加工、运输过程中受到各种微生物侵染污染霉变后会产生霉菌及其毒素，当生猪摄入后，严重影响猪肉产品的安全质量。④饲料配制过程中违规添加的违禁药物或化合物。饲料安全必须全程控制。

我国是畜牧业大国，饲料年产量居世界第二位，年产值达 1 000 多亿元。饲料安全即食品安全的概念已成为人们的共识，而随着畜牧生产中各种饲料添加剂以及药物的使用，畜产品污染问题日益突出，有毒有害物质对畜产品造成的污染，已成为食品安全的重大隐患。关注饲料安全，保证畜产品安全和人类健康，促进养殖业健康持续发展具有重大意义。

二、饲料原料安全控制

饲料原料是饲料安全生产最重要的控制点，严格控制原料的卫生指标是饲料产品安全性保证体系的基础。要强化饲料原料中霉菌毒素、有毒有害污染物的检验，禁止使用劣质、霉变及受到有毒有害物质污染的原料。

（一）饲料原料霉变控制

饲料原料玉米、豆粕、麦麸、骨粉、鱼粉等中含有较多的蛋白质、脂肪、淀粉等有机物，极易滋生微生物并产生毒素，危害人、畜的健康。霉菌毒素不仅会引起厌食、恶心、呕吐、嗜睡、腹泻、出血、痉挛、甚至死亡等急性中毒症状，还能诱发肝、肾、胃及神经系统等的慢性病变、癌变、畸变,最终导致死亡。如玉米霉变产生的黄曲霉毒素是极强的天然致癌物质,世界卫生组织证明,肝癌的高发与黄曲霉污染食物有明显的相关性。

(二)有害化学污染物控制

受工业"三废"污染以及农药、化肥大量使用的影响,饲料原料有时含有对生物有害的过量的无机污染物如铅、镉、汞等重金属元素及氟、砷和硒等非金属元素,有时也含有一些有机污染物如 N－亚硝基化合物(N－亚硝胺及 N－亚硝酰胺)、多环芳烃类化合物、二噁英、多氯联苯等化合物,这些污染物都具有在环境、饲料和食物链中富集、难分解、毒性强等特点,必须引起足够的重视。

(三)饲料中天然有毒有害物质控制

很多饲料成分中含有天然的有毒有害物质,将影响动物的生长与健康。如棉子饼(粕)中含有棉酚色素及其衍生物,其中游离棉酚毒性最大,是一种嗜细胞性、血管和神经性毒物,并且棉酚还可以通过畜产品转移给人类,危害人类健康。菜子饼(粕)中硫葡萄糖苷降解产物可损害肝脏、消化道、脑垂体并引起甲状腺肿大。生豆粕中含有抗胰蛋白酶、皂角素、血细胞凝集素、甲状腺肿诱发因子等有毒有害物质,影响消化和出现贫血。使用这类原料做饲料时必须控制用量或进行处理。

(四)病原微生物污染控制

饲料中的病原微生物是指饲料原料、半成品、成品中存在的或污染的,可引起饲料变质并直接影响动物健康、间接影响人类健康的生物。事实证明,人畜共患传染病的病原微生物(包括大肠杆菌、沙门菌、布氏菌、结核杆菌、炭疽菌、口蹄疫、耶尔森菌、肉毒梭菌等)可通过排泄物、水、空气等污染饲料,然后通过畜产品转移、传播,危害人类健康。如英国发生的疯牛病,是由于动物摄入被该病毒污染的饲料而感染。

因此,饲料加工企业应根据国家饲料原料有关标准和企业、当地的实际情况,制定各种原辅材料的企业标准和原料接受检验规范,严格按企业标准体系表中制定的原辅材料标准及进货检验规范来接收原料,一旦发现不达标的原料拒绝入库和投入生产。同时,接收合格的原料还得靠科学的储存管理才能确保在储存过程中不再带来危害,原料仓库管理制度的落实也是关键控制点。原料在储存工程中要做到:确保正确堆放,做好原料标签,包括品名、时间、进货数量、来源,并按顺序垛放,防止混杂和交叉污染。原料应储存在干燥、阴凉、通风的地方,保持良好的温、湿度,防止霉变。勤打扫、勤翻料,防火、防盗、防鼠害、虫害和鸟害。定期消毒。贯彻"先进先出、推陈储新"原则。

三、饲料添加剂安全控制

饲料添加剂是指为满足特殊需要而加入饲料中的少量或微量营养性或非营养性物质,饲料添加剂具有完善饲料的营养性,提高饲料的利用率,促进动物生长和预防疾病,减少饲料储存期间的营养物质损失等作用。饲料添加剂是饲料中不可缺少的部分,包括营养性添加剂和非营养性添加剂两大类。

营养性添加剂是指用于补充饲料营养成分的少量或微量物质,包括非蛋白氮(尿素、液氮等)、维生素、微量元素和氨基酸。其安全控制措施主要是:①饲料中的矿物质及微量元素添加剂应考虑各元素之间的协同和拮抗作用,同时还应考虑各地区元素分布特点和所用饲料中各元素的含量,考虑各元素之间的比例和平衡。②我国猪日粮中需要添加的主要维生素有:维生素 A、维生素 D、维生素 E、维生素 K、维生素 B_2、维生素 B_{12}、泛酸、胆碱和烟酸 9 种。使用时注意基础饲料的维生素含量对添加剂的影响,维生素的超量添加要掌握尺度,注意添加剂的拮抗作用,维生素在添加时应以使用的效价为准。③氨基酸平衡是指日粮中各种必需氨基酸的数量和比例与动物维持、生长、繁殖和泌乳的需要量相符合。氨基酸平衡包括数量和比例两方面的含义,但通常所说的平衡主要指氨基酸之间的比例关系。

非营养性添加剂不是饲料中的固有营养成分,主要作用是促进机体的新陈代谢、防病,以提高生产性能。非营养性添加剂可大致分为四类:生长促进剂(抗生素、抗菌药物、激素、酶制剂、酸化剂、微生态制剂等)、驱虫保健剂(抗球虫剂和驱螨虫剂)、饲料保存剂(抗氧化剂和防霉剂)、其他添加剂(着色剂、调味剂以及饲料加工中常用的流散剂和黏合剂等)。非营养性添加剂安全控制措施主要是抗生素使用的安全控制,应用抗生素应遵循以下主要原则:正确选择抗生素品种,注意应用领域,饲料药物添加剂与兽药,注意应用对象及其生长阶段,严格控制添加量,对症下药,交替使用,间隔使用,执行停药期,注意配伍禁忌,严格按国家规定使用抗生素。

总之,应用饲料添加剂时要充分掌握各种饲料添加剂的特点、功效、协同或对抗作用、剂量和用法等,根据猪的日龄、体重、健康状况等,有的放矢,合理添喂,切勿滥用。必须按照产品包装上的说明,严格控制剂量,讲究添喂方法,遵守注意事项,不可擅自变更。根据猪的生理状况,发育阶段,环境条件合理添喂。添加剂所占比例很小,使用时,务必搅拌均匀。特别是添喂量小的,须采取少量预拌,逐级扩大,保证与饲料原料充分混合,搅拌均匀。短期储存的添加剂,应与干粉料相拌,不可与发酵饲料或掺水饲料拌后储存,绝不能与饲料一并煮沸食用。添加剂宜保存于干燥、阴凉、避光的环境,以免失去活性,影响效果,维生素添加剂尤其应该避免高温和暴晒。严格按照饲料添加剂品种目录使用饲料添加剂,不得使用国家禁止使用的药物及化合物。

四、饲料加工与流通安全控制

(一)加工过程控制

饲料的加工过程主要包括粉碎、配料和混合 3 个工序。饲料生产过程的安全控制是产出安全产品的关键环节。粉碎工艺中受污染最严重的是物理危害,如饲料原料中混入金属、石头、塑料、玻璃等杂质,都会给后续工艺带来无法弥补的严重后果。因此,在粉碎前原料必须经过清杂、去铁处理,粉碎过程中为防止锤片、筛片破裂产生的金属杂质混入饲料中,应采购高品质的锤片、筛片,保证设备只产生正常磨损,磨损脱落的不会因材质不良而产生有害重金属危害。同时,原料的粉碎均匀度和粒度还将对混合均匀度和饲料离析分级产生影响,应根据产品要求确定并现场检测粉碎粒度。

准确配料是严格执行生产配方的前提和保证,尤其是对饲料安全有直接影响的微量组分、药物添加剂的准确计量很关键,一旦差错而又没有及时发现,在后续工段是无法弥补的,会带来严重污染。添加剂预混料的配制一定要按配方称量,严格记录,按部就班,班长督促,品管员抽查,配 1 批核对 1 次原料用量与配方值是否相符,出错立即报告,及时纠正。配料精度要定出误差控制值,手工配制的添加剂误差 $\leqslant \pm 1/1\,000$,电脑配料系统对单组分的配料误差 $\leqslant \pm 2/1\,000$,总的配料误差也应控制在 $\leqslant \pm 2/1\,000$,混合工序是饲料加工环节的核心,也是质量控制中最容易出问题的地方。饲料混合不均匀,或混合均匀的饲料在输送、储藏过程中产生离析分级现象,使混合均匀度大大降低,就会导致含药饲料中部分饲料药物含量超标。混合工序的关键是在投料正确、没有交叉污染的前提下确保混合均匀,应根据不同饲料产品对混合均匀度变异系数的要求及混合机的性能,对混合的时间进行设定,以达到预期的混合效果,避免混合不均匀或过度混合。对混合均匀度变异系数的要求是配合饲料 <10%,浓缩饲料 <7%,添加剂预混合饲料 <5%。

（二）储藏控制

饲料厂仓储设施应当防水、防潮、防鼠害，并具有控温、湿性能。常温仓房内储存饲料，一般要求相对湿度在 70% 以下，饲料的水分含量不应超过12.5%。要使用高效低毒的化学药剂杀虫灭鼠，严防毒饵混入饲料。要定期对饲料的品质进行检验，并根据饲料产品说明书上所规定的有效期决定储藏时间。一般配合型的颗粒状饲料储藏期为 1~3 个月，粉状配合饲料的储藏期不宜超过 10 天，浓缩粉状饲料一般加入了适量抗氧化剂储藏期为 3~4 周，一般添加剂预混饲料加入抗氧化剂后，储藏期可达 3~6 个月。

（三）运输控制

饲料包装要具有足够的机械强度和较好的防潮性能，以免因风吹雨淋引起霉烂变质和吸附有毒有害物质。装运前要清洁运输工具，做到"五不装"，即：运输工具不完好不装，运输工具有毒、有异味不装，运输工具未打扫干净不装，受污染变质的饲料不装，包装破漏的饲料不装。最好由生产厂家或经销商配备专用运输车辆，实行统一配送、一站式服务，直接将饲料产品送到养殖户手中，减少中间周转环节。

五、转基因饲料原料问题

转基因技术就是把一个生物体的基因转移到另一个生物体 DNA 中的生物技术。经转基因技术修饰的生物体，叫作转基因生物。目前，已用转基因技术培育出了高油、高赖氨酸玉米，"双低"油菜，高蛋氨酸大豆，无色素腺体棉花等，这些原料与自然条件下生产出来的相比，具有高产、质优及解决其抗病虫害、抗逆问题等特点，充分显示了其实用性。据统计，目前我国进口的美国玉米、大豆很大一部分是转基因作物，它们中的一部分已被用作饲料原料。

但是，饲料安全关系到食品安全，关于转基因饲料的安全是一个目前还存在广泛争议、没有定论的问题。其争论的热点主要是：①转基因作物中的外源基因是否可能引起动物和人的过敏反应。②转基因作物中的抗性基因是否会转移。③抗虫转基因作物产品中的杀虫蛋白、蛋白酶活性抑制剂和残留的抗昆虫内毒素是否会危害人和动物的健康。④抗除草剂转基因作物的推广可能导致除草剂在环境中残留量增高进而污染食品和饲料。⑤抗病毒转基因作物中导入的病毒外壳蛋白基因可能对人和动物的健康产生危害。

用转基因植物及其产品作饲料原料，其安全评价主要包括其营养物质对畜禽的影响，毒性和致敏性检测等。美国的研究机构进行了转基因饲料对畜禽影响的试验,已完成了20多项,迄今尚未发现转基因饲料对畜禽的生长性能、健康状况产生危害性的影响。然而,各国政府也都认识到转基因饲料的长期安全性问题仍不明确,认为在有关安全标准和法规未出台前,消费者应有知情权,即对转基因产品必须做相应标识。

我国对转基因问题一直持谨慎态度,已于2001年颁布了相应的法规,但是,对于转基因作物及其产品作为饲料原料的安全性评价方面还缺乏完善的评价标准和技术规范。目前对转基因饲料安全性评价的标准和测试指标主要包括:外源蛋白质安全应用和消费的历史,外源蛋白质的功能、特异性和作用方式,外源蛋白质含量,毒理或变态反应测试,转基因饲料对于动物的影响,转基因饲料营养价值和抗营养作用,转入蛋白质致敏性检测等,外源基因和其所表达蛋白质的检测方法和技术。

转基因作物是科学技术发展的产物,由于其对动物健康和畜产品的安全性尚不能确定,选择转基因产品用作饲料原料时需持谨慎态度,同时要加强对转基因饲料的监管,其措施主要包括:①制定完善的监管体系。监管饲料的来源,成分,流向等各个环节。②转基因饲料的及饲养的动物告知制度。区分转基因与非转基因,在包装、菜单等上告知消费者此饲料为转基因豆粕,或此道菜的原料为转基因饲料所喂养。③建立产品追溯、召回制度。一旦发现存在安全隐患,可以立即追溯产品源头,控制隐患扩散,召回市面上存在隐患的产品。

六、非法添加物问题

为严厉打击食品生产经营中违法添加非食用物质、滥用食品添加剂以及饲料、水产养殖中使用违禁药物,卫生部、农业部等部门根据风险监测和监督检查中发现的问题,不断更新非法使用物质名单,至今已公布151种食品和饲料中非法添加名单,包括47种可能在食品中"违法添加的非食用物质"、22种"易滥用食品添加剂"和82种"禁止在饲料、动物饮用水和畜禽水产养殖过程中使用的药物和物质"的名单。

(一)目前饲料中常见的违禁药物主要有下面几类:
第一类是抗生素类药物,如氯霉素、四环素、土霉素、青霉素等。
第二类是磺胺类药物,如磺胺嘧啶、磺胺脒、磺胺甲基异噁唑等。
第三类是硝基呋喃类药物,如呋喃唑酮、呋喃西林、呋喃妥因等。
第四类是抗寄生虫药,如左旋咪唑、苯并咪唑、克球酚、吡喹酮等。

第五类是激素类药物,如己烯雌酚、孕酮、睾酮、雌二醇等。

第六类是β-兴奋剂类药物,β-兴奋剂是一类化学合成的苯乙醇胺类衍生物。如盐酸克伦特罗、沙丁胺醇以及莱克多巴胺等。

第七类是其他违禁药物,如苏丹红、三聚氰胺等。

(二)几种主要违禁药物的作用及对人的危害

(1)氯霉素　氯霉素残留的潜在危害是对骨髓造血机能有抑制作用,可引起人的粒细胞缺乏病,再生障碍性贫血和溶血性贫血,产生致死效应。

(2)磺胺类药物　磺胺类药物的残留能破坏人的造血系统,造成溶血性贫血症,粒血胞缺乏症,血小板减少症等。在治疗奶牛乳腺炎时如未执行弃乳期规定,过敏反应轻者引起皮肤瘙痒和荨麻疹,重者引起血管性水肿,严重的甚至出现死亡。

(3)硝基呋喃类药物　硝基呋喃类药物是一类合成的抗菌药物,它们作用于微生物酶系统,抑制乙酰辅酶A,干扰微生物糖类的代谢,从而起抑菌作用。目前在医疗上应用较广者有:呋喃西林、呋喃妥因和呋喃唑酮。连续长期应用呋喃唑酮,能引起出血综合征。如不执行停药期的规定,在鸡肝、猪肝、鸡肉中有残留,其潜在危害是诱发基因变异和致癌性。

(4)己烯雌酚　己烯雌酚在养殖中具有通过蛋白质同化作用提高食欲的功效,被用来提高饲料转化率,促进畜禽生长。农业部已明确规定不允许使用,但目前较多水产养殖户添加本品用于鳝鱼养殖,其潜在危害是扰乱激素平衡,导致女童性早熟。

(5)瘦肉精　其化学名称盐酸克伦特罗,是β-兴奋剂的一种,其脂溶性很高,毒性也很大。添加盐酸克伦特罗,不仅对动物有毒副作用,损害动物的心血管等组织而且易残留在肉和内脏中,食用含有瘦肉精的畜产品后,心脏和神经系统受到刺激,产生中毒反应。人会出现中毒现象,表现为头晕、恶心、呕吐、血压升高、心跳加快、体温升高、寒战等症状。若患有心脑血管疾病、糖尿病、甲状腺亢进、前列腺肥大的人摄入瘦肉精可直接危及生命。如果是孕妇可导致癌变、胎儿致畸。

(6)莱克多巴胺　全称盐酸莱克多巴胺,化学名称:1-(4-羟基苯基)-2[1-甲基-3-(4-羟基苯基)-丙氨基]-乙醇盐酸盐,是一种医药原料,是可用于治疗冲血性心力衰竭症的强心药。还可以用于治疗肌肉萎缩症,增长肌肉,减少脂肪蓄积。能有效地减少脂肪组织,同时可以提高肌肉组织。食用了含有莱克多巴胺的肉后,会出现心跳加快、震颤、心悸等症状,如果摄入过量,严重者会导致死亡。莱克多巴胺与盐酸克伦特罗一样,属于β-肾上腺素兴奋剂。我国于2002年将此药列入"禁止在饲料和动物饮用水中使用的药物品种目录",禁止使用,并禁止进口含有莱克多巴胺的肉制品。

(7)"苏丹红" 是一种化学染色剂,它的化学成分中含有一种叫萘的化合物,具有致癌性,对人体的肝肾器官具有明显的毒性作用,能造成人类肝脏细胞的 DNA 突变。苏丹红属于化工染色剂,主要是用于石油、机油和其他的一些工业溶剂中,目的是使其增色,也用于鞋、地板等的增光。

(8)三聚氰胺 又称"蛋白精",化学成分羟甲基羧基氮,呈白色、灰色或黄色粉末,是一类假蛋白饲料。其蛋白含量检测可达160%~300%,但实质无营养。目前有部分牛、羊、禽及水产养殖者用其替代天然蛋白饲料,在饲料生产中使用"蛋白精"降低了饲料中真蛋白的含量,影响动物生产性能,甚至可能对动物产生危害。农业部"关于严厉打击非法生产经营和使用'蛋白精'违法行为的通知"(农牧发[2007]8号)中明确规定,以三聚氰胺等为原料的"蛋白精"已经被列为我国明令禁止的非法添加物,禁止在任何饲料中使用。

(三)控制措施

尽管农业部发布了《食品动物禁用的兽药及其他化合物清单》、《禁止饲料和动物饮水中使用的药物品种目录》等一系列规定,明文禁止使用β-兴奋剂、镇静剂、激素类、砷制剂、高铜、高锌等作为生长育肥猪饲料添加剂,但有些养殖户及饲料生产商为了追求利润,私自添加一些违禁药物,在生产实际中超量使用的有喹乙醇、氯霉素、金霉素、杆菌肽锌、卡巴氧等,导致这些药物的大量残留。为此,就需要各级管理部门加强宣传教育,全面提高全社会对畜产品安全重要性的认识,增强广大畜牧兽医工作者、兽药饲料生产者、经营者、养殖者和畜禽屠宰、加工销售者的责任感和使命感,使他们充分认识到畜产品安全的重要性和滥用兽药及违禁药物的危害性,严格抵制不合格畜产品。

应进一步健全完善饲料品质监控和检测体系,建立国家、省级及地市(州)级监控和检测体系网络,在技术、设备、资金等方面给予支持;从畜产品以及饲料生产、经营、使用各个环节进行全方位监管,开展定期和不定期的抽样监督检测,以畜产品质量进行质量倒查、追根溯源,严禁有毒有害、不合格的畜产品进入流通环节,从源头查处和打击不合格畜产品,对违法者要严厉处罚。

开发饲用抗生素替代产品和技术,推广使用绿色安全的饲料添加剂。一些绿色饲料添加剂如微生态制剂、酶制剂、低聚糖、酸化剂、中草药制剂等已逐渐得到养殖业的普遍认可和广泛应用。

完善规范有关法律法规和规章制度，依法管人，以制度约束人。改革和完善饲料管理体制，严格生产准入，规范饲料标签和标识管理，保证饲料产品在各个环节的可追溯性，确保饲料安全。

第二节　生态型安全高效日粮的配制与使用

要实现养猪生产的生态型转变，必须从营养和养殖的全过程着手。而解决养猪生产的污染问题，必须从污染的源头开始，即营养与饲料管理体系，从技术层面上提高营养物质的吸收利用率，减少有机物的排放量，从政策和立法的层面上限制和禁止有害物和残留物质的使用。生态型日粮的配制目的是在保证养猪生产性能的同时，进一步降低排放物对环境的污染，为生态养猪奠定基础。

配制生态型日粮首先要围绕解决产品性能和减少排放对环境污染的问题为核心，应用现代动物营养、饲料科学等技术，对动物实施营养系统调控，最大限度地发挥生产性能和控制环境污染，实现配制日粮的营养水平与动物生理阶段需要相适应，达到成本经济、低环境污染的目的。因而配制生态型日粮不仅需要在微观上谨慎考虑猪群的营养需要、安全卫生，以及畜产品质量对消费者的健康影响，而且还要从宏观上考虑本地区乃至国家整体的饲料资源耗竭与不可逆转性的环境预防等生态问题。只有把饲料配方的目标放在经济效益、社会效益与生态效益的结合点上，充分考虑影响日粮配制效果的各种因素，才能配制出具有合理利用各种饲料资源、提高产品质量、降低饲养成本和减少环境污染的高质量饲料。

一、饲料配方设计原则

虽然是同样的几种饲料原料，根据其产地不同，饲喂动物种类的不同，同种动物饲养阶段的不同，以及饲养环境的不同，可以设计出饲养效果显著，而原料配比不同的饲料配方。在某一特定的环境或特定的阶段，用于生产中的只有一个最佳的配方设计。因此，饲料配方设计中有很多实际问题需要注意，要遵循一定的原则。

(一)科学原则

猪饲料配方设计以科学性为依据。现代化的育种措施使猪的生长速度越来越快,因此对饲料养分水平的要求也越来越高。一旦配方设计达不到猪的营养要求,猪的生产潜力就难以发挥出来。配方设计首先要按照科学的原则,根据不同品种,不同生长阶段猪的养分需求来设定饲料中各种养分含量。配方师需要了解猪不同时期营养需求变化,了解不同种类猪的不同生长阶段的饲养标准要求。我们不能依据10年前的标准来配制饲料,这样会造成饲料养分含量不足,影响猪的生长潜力发挥。也不能按前期的营养标准来配制后期饲料,尽管这样使猪的长势较快,但可能造成养分的浪费,总体经济效益并不划算。而根据最新的营养标准加上多年的经验积累来配制饲料,既可满足猪的最大生产潜力,还减少资源浪费,提高了养分消化率,减少氮、磷排放造成的环境污染。

饲料配方设计时要使养分全面均衡。配方中不能缺少某一种营养素,各营养素间比例要合适,如能量与蛋白质之间,钙与磷之间,各种微量元素之间,各种氨基酸之间的比例均要适当。饲料能量含量偏低时,蛋白质可能分解来供能,造成蛋白的浪费,而我国是一个蛋白资源严重缺乏的国家;同时,排出的多余氨(氮)又污染环境。氨基酸不平衡会降低氨基酸利用率,根据氨基酸组成的"木桶理论",当一种必需氨基酸和其他必需氨基酸比例不合适时,则氨基酸利用率以低于标准含量最远的那个为准,就像木桶盛水最高位置与组成木桶的最低木板位置一致。当饲料铜含量过高时将影响其他微量元素如铁、锌的利用,而钙含量过高时不但影响磷的利用,还会影响微量元素如锌的利用。因此,配方设计时,营养一定要均衡。

配制饲料应适当多选几种原料,多种原料之间可以发挥营养互补作用,更利于达到营养均衡,从而提高饲料利用率。在价格允许的情况下,尽可能使用适口性好消化率的饲料原料。对于一些特殊阶段的猪,要特别考虑一些原料的用途,如为提高子猪饲料营养浓度,要少用麸皮等粗纤维含量高且有轻泻作用的原料。对于怀孕前期母猪,由于其采食量少,养分利用率高,容易造成便秘,应在饲料中多添加容重低,体积大,具有轻泻作用的麸皮,这样可以减少便秘。

为了增加猪的采食量,饲料配方中还需要考虑添加诱食剂。猪的个别阶段还要特别考虑加入一些辅助性添加剂,如乳猪由于胃酸分泌量少,对饲料蛋白质消化能力比较低,容易引起消化性腹泻,因此需要在料中加入酸化剂,以降低乳猪肠道 pH,增加对蛋白质的消化能力,减少腹泻,提高乳猪生长性能。饲料中添加的油脂及维生素,容易受到氧化而破坏,因此要在饲料中添加抗氧化剂。多雨时节,饲料容易发霉,此时应在饲料中加入防霉剂。如果饲料中有发霉变质的原料,则应添加除霉的添加剂。如果应用质量低的原料,可以考虑在日粮中添加复合酶制剂,复合酶通过分解植物细胞壁,释放细胞中的养分,同时这些酶还可以分解猪不能利用的纤维素,这样饲料利用率得以提高。而外源性添加酸性蛋白酶可以提高乳猪对蛋白质的消化率,减少乳猪腹泻。植物性饲料中的磷大部分是以植酸磷的形式存在,猪对其利用率极低,在日粮中添加植酸酶可以提高其利用率,减少日粮中磷酸氢钙的添加,节约饲料成本,还可减少磷的排放,降低环境污染。由于抗生素被禁用,可以在饲料中添加一些植物提取物来提高猪的免疫力,增强抗病能力。还可以考虑添加微生态制剂改善猪肠道内环境,降低有害菌含量,增加有益菌含量,从而提高猪的生产性能。

(二)因地制宜原则

饲料配方设计并非只用玉米、豆粕等用几种原料,而应该因地制宜,合理利用当地资源,就地取材。如果只考虑达到最大生产性能,而一味使用本地缺少的优质饲料原料,这样饲料成本会大大增加,总体经济效益并不一定最佳。也不能为了利用当地的资源,而不讲究配方的合理性,这样虽然看似饲料成本降低,但营养可能不均衡,猪的生产性能下降,经济效益不佳。应该综合考虑猪的生长速度,饲料成本,总体经济效益,来合理利用当地的资源,使其发挥最佳功能。不能急功近利,也不能因噎废食。

(三)经济效益最先原则

养猪成本的 70% 以上是饲料消耗,饲料配方设计的合理性十分重要。配方中大量使用消化率高,适口性强饲料原料,如玉米、豆粕、鱼粉等,固然能提高猪的生产性能,但其总体经济效益不一定最佳。如果合理利用那些消化率稍微低一些的植物蛋白饲料如棉粕、菜粕、花生饼或粕、芝麻饼或粕、玉米胚芽饼或粕、DDGS 等或别的一些蛋白饲料,虽然猪的生长潜力没有达到最大,但由于大大降低饲料成本,其综合经济效益可能是最好的。

(四)饲料安全卫生原则

饲料配方设计时,除营养因素外,还要考虑饲料原料安全卫生。有些饲料原料中自然含有毒有害物质;也有原料是后天发霉变质。棉籽粕含有游离棉酚,含量在 0.02% ~0.06%,当其在饲料中超过安全剂量后,导致猪的生长速度缓慢、中毒及死亡。猪对游离棉酚耐受量是 100 克/吨,随年龄增长对棉酚敏感性降低。棉酚影响生育功能,种猪尤其注意避免使用棉粕。因此,使用棉粕要考虑棉酚的不利影响。菜子粕中含有硫配醣体和芥子酵素,前者被后者水解后形成噁唑烷硫酮和异硫氰酸盐,二者均可以引起甲状腺肿大;由于育种的发展现在大部分种的都是双低菜子新品种,含毒素的老菜子品种已经很少。当水分含量高时,玉米、米糠、花生饼粕等饲料原料容易发霉,产生各种霉菌毒素,如黄曲霉毒素、烟曲霉毒素、赭曲霉毒素、T-2 毒素、呕吐毒素、玉米赤霉烯酮等。这些毒素诱发肿瘤和癌症,破坏动物的免疫系统,降低动物机体免疫机能。因此,饲料配制时,要杜绝或少用霉变饲料原料。同时,还要注意选择没有受农药或其他有毒有害物质污染的原料。

二、饲料配方制作

猪用饲料根据其中饲料原料用量的高低、有无及营养素含量的高低分为全价配合饲料、浓缩饲料、预混合饲料(有时被称为料精)、维生素添加剂预混料、微量元素添加剂预混料五类。

(一)全价配合饲料的配制

全价配合饲料的配制方法,按自动化的高低可以分为手工计算法,计算机Excel 人工计算法,配方软件计算法。手工计算法中根据不同的运算形式又分为代数法、对角线法、增减法。不论采用什么计算方法,何种运算形式,其基本的步骤是一样的。

第一,了解猪的种类、生理状态、生长阶段。

根据 NRC 1998 标准要求,瘦肉型猪可以分为 3 个生长阶段,3 种生理状态。3 个生长阶段包括:子猪、生长猪、育肥猪;3 种生理状态包括:妊娠母猪、哺乳母猪、种公猪。子猪按体重又分为 3~5 千克、5~10 千克、10~20 千克 3个时期。生长猪分为 20~50 千克、50~80 千克两个时期。育肥期是 80 千克到出栏(大约 120 千克)。妊娠母猪根据体重及预期窝产子数可以分为多个标准。哺乳母猪根据泌乳期的体重变化及猪日增重要求也可以分为多个标准。

中华人民共和国农业行业标准-猪饲养标准中,把猪分为两种类型,一类是瘦肉型猪,另一类是肉脂型猪(俗语说的土猪)。瘦肉型猪生长阶段和生理状态和 NRC 一样。生长阶段划分有所差别,分为 3~8 千克、8~20 千克、20~35 千克、35~60 千克、60~90 千克 5 个时期。中国妊娠母猪又分为两个时期,0~84天,85天至分娩;每个时期根据体重及预期窝产子数可以分为多个标准。哺乳母猪根据分娩体重、泌乳期的体重变化及产子头数也可以分为多个标准。肉脂型猪生长阶段和生理阶段也和 NRC 一样。但生长阶段分为8~15千克、15~30千克、30~60千克、60~90千克4个时期。肉脂型妊娠母猪和哺乳母猪各只有一个标准。

第二,根据猪的类型、生理及生长阶段,查饲养标准。

不同的生长阶段及生理状态,其对各种养分的需求有极大的差别,如子猪料要求高能量,高蛋白,高必需氨基酸;生长猪和肥育猪要求高能量,相对低的总蛋白和必需氨基酸。妊娠前期(0~84天)养分要求远低于妊娠后期和哺乳期。相同生长阶段或生理状态的瘦肉型猪的营养标准高于肉脂型猪。

第三,选择饲料原料。

根据猪的不同生理状态和生长阶段,选择适当的饲料原料种类。制作配方应该因地制宜地选择原料,尽可能利用当地资源丰富的原料;在可选择的原料中要使用适口性好,可消化性强,饲料原料外观色泽均匀一致的原料。不同的猪种及生理、生长阶段对原料都有不同的要求,子猪由于消化系统还没有发育完全,因此要使用易消化吸收的原料,如乳清粉、鱼粉等优质动物性蛋白饲料,增加饲料中乳糖含量,同时二者都含有未知生长因子;植物性原料如玉米、豆粕最好经过膨化,增加其可消化性,减少大豆粕中所含抗原引起的拉稀现象;不使用粗纤维含量高或消化率低的原料如麸皮、棉粕、菜粕等。育肥猪消化功能比较强,在不影响其每天消化能采入量的基础上,可以考虑在日粮中使用容重比较小的原料,如麸皮等,以增大单位饲料的体积,增加猪的饱感。生长猪及妊娠前期(0~84天)母猪消化功能比较强,可以考虑增加粗纤维含量较高的原料用量,如麸皮、棉粕、DDGS、玉米蛋白饲料等。妊娠后期(85天至分娩)及泌乳期母猪对能量需求比较大,因此要用易消化的原料,以玉米豆粕为主。原料选择好并查出了原料养分含量及单价后,就可以开始饲料配方的计算。

第四,计算饲料配方。

如果没有电脑的话可以用手工方法进行简单的配方计算。手工方法最常用的是增减法,它是根据配方师实际经验拟出大致的原料比例,然后通过计算进行部分原料用量增减,最后接近标准要求。对角线法是用两种原料、两种营养素来计算,如玉米、豆粕,计算能量和粗蛋白质两种营养素,如想用多种原料可以进行多次的对角线法计算。代数法就是利用数学上的联立方程模式求解计算饲料配方。

应用计算机 Excel 程序可以进行简单的饲料配方设计，通过规划求解得出最佳的配方。由于各种原料及营养成分含量需要根据资料输入，所以前期相对比较麻烦，而且营养素越多越复杂。

饲料配方软件核心也是根据 Excel 程序进行目标规划求解，可以大规模使用各种原料，并得到各种原料最佳添加量，且价格最优化。但由于该软件只是按最低价格目标进行规划求解，其可能大量使用某一种并不能大量使用的原料，如大量使用价格低的 DDGS 而不用玉米。这样得出的配方不一定实用，因此还要根据饲料原料的特性限制某些原料的最低用量，或根据饲料要求限制某一原料的最高用量。如乳猪料限制乳清粉及鱼粉的最低用量，如果不选择最低需要量，配方软件可能并不选择这两种原料；大猪料要限制芝麻饼的最高用量，因其味道比较苦，影响适口性。

第五，饲料配方调整。

一般情况下，某些添加剂用量少且不含任何养分，可不直接参与配方软件的计算过程，而在大料配方做好后另行添加，如非营养性添加剂（防霉剂，复合酶制剂，植酸酶，诱食剂，酸化剂，抗氧化剂，黏结剂，流散剂等）。

（二）浓缩饲料的配制

浓缩饲料又称蛋白质平衡饲料，主要由蛋白质饲料原料、矿物质饲料、维生素、微量元素及各种饲料添加剂组成，用来补充或平衡饲料中蛋白质、矿物质及微量元素成分的不足。在不同的国家及地区，浓缩饲料名称不尽相同。浓缩饲料是半成品，不能直接喂猪，只能和能量饲料按比例混合均匀后使用。

浓缩饲料配制有两种方法：一种是根据已有的配合饲料配方，剔除掉能量饲料后按比例折合；另一种是先定好使用的能量饲料原料种类及大致用量，根据所定的饲养阶段的营养标准要求，计算出浓缩料应该具备的养分含量，把这个养分含量当成一个标准，再像做配合饲料的步骤那样进行计算。

（三）预混合饲料配制

根据所添加物质的不同，猪用复合预混合饲料用量可以从 0.1% 到 10% 不等，目前比较常见的是 4% 的预混合饲料，其次是 2% 的。预混合饲料主要含微量元素、维生素、氨基酸及其他非营养性添加剂，根据添加量的不同，有的可能含矿物质，甚至含有少量的蛋白或能量饲料原料。如 2% 预混合饲料含有部分矿物质原料,而4%的则含有全部矿物质原料,有时根据营养标准要求可能含有少量蛋白或能量饲料。

预混合饲料配制也是在全价配合料的基础上,按照设计要求剔除能量饲料原料、蛋白饲料原料(有时还可能剔除部分或全部矿物质原料),其余的原料按比例折合得到的。也可以先把能量蛋白饲料大致比例确定后,根据饲养阶段营养标准,计算预混料中应该含有的养分,以此为标准,按全价配合料的制作模式,计算预混料配方。

维生素及微量元素添加剂预混料,也是根据营养标准及各种单项维生素或微量元素在产品中的含量,按照设定的添加量计算出来的,目前市场上维生素预混合饲料在饲料中的添加量通常被设定为0.02%,微量元素预混料则设定为0.2%。

三、典型饲料配方示例

(一)配合饲料配方

1.乳子猪配合饲料

乳子猪配合饲料见表4-1。

表4-1 乳子猪配合料原料组成及营养指标

原料名称	配比(%)	营养成分	计算含量
玉米	50.50	猪消化能(兆焦/千克)	14.28
豆粕(47%粗蛋白质)	15.50	粗蛋白(%)	22.00
全脂大豆	16.50	钙(%)	0.80
乳清粉(12%粗蛋白质)	8.00	总磷(%)	0.66
秘鲁鱼粉	5.00	有效磷(%)	0.40
植物油	1.00	赖氨酸(%)	1.35
石粉	0.60	苏氨酸(%)	0.87
磷酸氢钙	0.90	色氨酸(%)	0.24
预混合饲料	2.00		
合计	100.00		3 600 元/吨

2.生长猪配合饲料

生长猪配合饲料见表4-2。

表4-2 不同原料配比的生长猪配合料原料组成及营养指标

原料名称	原料配比（%）			
	1	2	3	4
玉米	62.00	61.00	60.50	60.50
麦麸	12.00	12.00	10.00	10.00
豆粕	20.00	22.50	19.00	19.00
鱼粉	2.00			
棉子粕			3.00	
菜子粕				3.20
DDGS			3.00	3.00
油	1.00	1.00	1.00	1.00
石粉	1.00	1.00	1.00	0.80
磷酸氢钙		0.50	0.50	0.50
预混合饲料	2.00	2.00	2.00	2.00
合计	100.00	100.00	100.00	100.00
单价（元/吨）	2 120	2 070	2 020	2 000
营养指标				
猪消化能（兆焦/千克）	13.44	13.44	13.44	13.40
粗蛋白质（%）	18.00	18.00	18.05	18.00
钙（%）	0.60	0.60	0.60	0.60
有效磷（%）	0.23	0.23	0.23	0.23
赖氨酸（%）	0.95	0.95	0.95	0.95
苏氨酸（%）	0.67	0.67	0.65	0.66
色氨酸（%）	0.21	0.22	0.20	0.21

3. 育肥猪配合饲料

育肥猪配合饲料见表4-3。

表4-3 不同原料配比的育肥猪配合料原料组成及营养指标

原料名称	原料配比(%)		
	1	2	3
玉米	69.00	68.00	68.00
麦麸	15.00	15.00	14.00
豆粕	12.00	8.00	9.00
棉子粕		3.00	
菜子粕			3.00
DDGS		2.00	2.00
油	1.00	1.00	1.00
石粉	1.00	1.00	1.00
预混合饲料	2.00	2.00	2.00
合计	100.00	100.00	100.00
单价(元/吨)	1 840	1 770	1 760
营养指标			
猪消化能(兆焦/千克)	13.44	13.44	13.40
粗蛋白质(%)	14.35	14.35	14.36
钙(%)	0.48	0.48	0.48
有效磷(%)	0.17	0.17	0.17
赖氨酸(%)	0.68	0.68	0.68
苏氨酸(%)	0.51	0.49	0.40
色氨酸(%)	0.16	0.15	0.15

4. 妊娠母猪配合饲料

妊娠母猪配合饲料见表 4 -4。

表 4 -4　不同原料配比的妊娠母猪配合料原料组成及营养指标

原料名称	原料配比（%）		
	1	2	3
玉米	67.00	70.00	70.00
麦麸	15.00	13.00	13.00
豆粕	7.50	5.50	6.00
棉子粕		4.00	
菜子粕			3.00
DDGS	5.00	2.50	3.00
油	1.20	1.00	1.00
石粉	1.00	1.00	1.00
磷酸氢钙	1.30	1.00	1.00
预混合饲料	2.00	2.00	2.00
合计	100.00	100.00	100.00
单价（元/吨）	1 690	1 680	1 970
营养指标			
猪消化能（兆焦/千克）	13.27	13.23	13.23
粗蛋白质（%）	13.22	13.37	13.08
钙（%）	0.75	0.75	0.75
有效磷（%）	0.35	0.36	0.35
赖氨酸（%）	0.58	0.57	0.57
苏氨酸（%）	0.45	0.45	0.45
色氨酸（%）	0.14	0.13	0.13

5.哺乳母猪配合饲料

哺乳母猪配合饲料见表4-5。

表4-5 不同原料配比的哺乳母猪配合料原料组成及营养指标

原料名称	原料配比(%)			
	1	2	3	4
玉米	67.00	68.00	67.00	67.00
麦麸	5.00	3.00	3.00	3.00
豆粕	23.00	18.00	18.00	18.00
棉子粕		4.00		3.00
菜子粕			5.00	2.00
DDGS		2.00	2.00	2.00
油	1.00	1.00	1.00	1.00
石粉	0.90	0.90	0.90	0.90
磷酸氢钙	1.10	1.10	1.10	1.10
预混合饲料	2.00	2.00	2.00	2.00
合计	100.00	100.00	100.00	100.00
单价(元/吨)	2 070	1 985	1 968	1 975
营养指标				
猪消化能(兆焦/千克)	13.65	13.65	13.65	13.65
粗蛋白质(%)	17.47	17.48	17.50	17.56
钙(%)	0.75	0.75	0.75	0.75
有效磷(%)	0.36	0.36	0.35	0.36
赖氨酸(%)	0.91	0.91	0.91	0.91
苏氨酸(%)	0.66	0.64	0.65	0.64
色氨酸(%)	0.21	0.20	0.20	0.20

(二)猪浓缩料配方

1.子猪浓缩饲料

子猪浓缩饲料见表4-6。

表4-6 子猪浓缩饲料原料组成及营养指标

原料名称	原料配比(%)		
	子猪26%浓缩料1	子猪26%浓缩料2	子猪28%浓缩料
乳清粉			7.60
鱼粉	7.70	5.80	7.80
豆粕	73.00	57.00	70.50
棉子粕	4.20	7.70	
全脂大豆		11.60	
肉粉	4.00	5.60	
DDGS		2.80	
油	1.00	1.00	1.00
石粉	4.10	3.60	3.70
磷酸氢钙	2.60	0.70	4.70
预混合饲料	3.40	4.20	4.70
合计	100.00	100.00	100.00
单价(元/吨)	4 070	3 860	4 500
营养指标			
猪消化能(兆焦/千克)	12.52	12.56	12.52
粗蛋白质(%)	41.82	42.03	42.75
钙(%)	2.61	2.61	3.05
有效磷(%)	0.86	0.96	1.18
赖氨酸(%)	3.26	3.26	3.42
苏氨酸(%)	1.65	1.58	1.60
色氨酸(%)	0.57	0.53	0.55

2.生长育肥猪浓缩饲料

生长育肥猪浓缩饲料见表4-7。

表4-7　生长育肥猪浓缩饲料原料组成及营养指标

原料名称	原料配比（%）			
	1	2	3	4
肉粉	5.00	5.00		5.00
鱼粉		3.60		7.00
豆粕	57.50	55.60	50.00	57.30
棉子粕	15.00	13.00	11.70	13.00
菜子粕			8.00	
DDGS	7.50	10.00	15.00	5.00
油	1.00	1.00	1.00	1.00
石粉	5.30	5.20	5.20	5.30
磷酸氢钙	3.30	2.70	3.80	2.10
预混合饲料	5.40	3.90	5.30	4.30
合计	100.00	100.00	100,00	100.00
单价(元/吨)	3 470	3 600	3 200	3 650
营养指标				
猪消化能(兆焦/千克)	11.30	11.68	11.68	11.60
粗蛋白质(%)	38.22	40.02	35.00	42.08
钙(%)	3.25	3.25	3.20	3.25
有效磷(%)	0.95	0.96	0.90	0.95
赖氨酸(%)	3.05	3.17	2.74	3.30
苏氨酸(%)	1.44	1.49	1.32	1.64
色氨酸(%)	0.49	0.49	0.45	0.54

3.母猪浓缩饲料

母猪浓缩饲料见表4-8。

表4-8 母猪浓缩饲料原料组成及营养指标

原料名称	原料配比(%)			
	妊娠母猪1	妊娠母猪2	哺乳母猪1	哺乳母猪2
肉粉				3.00
鱼粉			2.00	
豆粕	50.00	60.00	64.00	57.00
棉子粕	13.20	11.40	8.60	12.70
菜子粕	5.00	3.00	3.40	
DDGS	15.00	7.00	6.00	10.00
油	1.00	1.00	1.50	1.00
石粉	5.20	7.20	7.00	5.30
磷酸氢钙	5.00	3.60	4.00	4.50
预混合饲料	5.60	6.80	3.50	6.50
合计	100.00	100.00	100.00	100.00
单价(元/吨)	2 870	2 930	3 400	3 270
营养指标				
猪消化能(兆焦/千克)	10.88	10.84	11.09	11.17
粗蛋白质(%)	32.82	32.93	38.52	37.75
钙(%)	3.30	3.61	3.63	3.40
有效磷(%)	1.05	1.18	1.21	1.08
赖氨酸(%)	1.65	1.66	2.66	2.64
苏氨酸(%)	1.24	1.35	1.40	1.39
色氨酸(%)	0.43	0.47	0.49	0.48

(三)猪用预混料配方

目前市场上比较常见的猪用预混料配方是4%的,有很少一部分2%的,甚至有0.5%的。由于乳猪料的特殊性,市场上有12%的乳猪浓缩料,但人们都称其为乳猪预混料。而一般情况下,预混料由矿物质元素、维生素添加剂、微量元素添加剂及各种其他添加剂组成,这里不再一一举例说明。

猪常用饲料原料种类繁多,养分组成复杂,营养价值差别很大。根据习惯,可将猪饲料分为干草和粗饲料、青绿饲料、青贮饲料、能量饲料、蛋白质饲料、矿物质饲料、维生素饲料、非营养性添加剂饲料 8 大类。

(一)粗饲料

粗饲料是指干物质中粗纤维含量在 18% 以上的一类饲料,在饲料分类系统中属第一类饲料,主要包括干草类、农副产品类(荚、壳、藤、秸、秧)、树叶类、糟渣类等。这类饲料粗纤维含量高,体积大,有效能量含量低,一般饲喂给反刍动物,而猪料很少或根本不用。

(二)青绿饲料

青绿饲料以富含叶绿素而得名,种类繁多,主要包括天然牧草、栽培牧草、青饲作物、叶菜类饲料、树枝叶及水生植物等。主要指天然水分含量高于 60% 的青绿多汁饲料。此类饲料蛋白及粗纤维含量低,猪对非木质化的纤维素消化率可达 78%~90%。钙、磷比例适宜,一般钙含量为 0.4%~0.8%,磷含量为 0.2%~0.35%,其中豆科牧草中钙的含量较高。胡萝卜素含量较高,B 族维生素及维生素 E、维生素 C 和维生素 K 的含量较丰富,但缺乏维生素 D,维生素 B_6(吡哆醇)含量也很低。由于水分高、容积较大,而猪胃肠容积有限,其采食量受到限制,在猪日粮中不能大量加入,但可作为维生素的补充饲料。

(三)青贮饲料

青贮饲料是指将不易直接储存的饲料原料在密闭的青贮设施(窖、壕、塔、袋等)中,经直接或加入添加剂进行厌氧发酵制得的饲料。

青贮饲料营养价值高,禾本科牧草青贮可以保存 85% 以上的营养物质,而制备干草即使在最好的条件下也只能保留 80% 的养分。青贮饲料经微生物厌氧发酵后具有酸香味,适口性好,畜禽采食量高。但青贮饲料饲喂过多可能引起某些消化代谢障碍,如酸中毒、乳脂率降低等;若制作方法不当,如水分过高、密封不严、踩压不实等,青贮饲料有可能腐烂、发霉、变质。

(四)能量饲料

1. 玉米

玉米是猪饲料较好的能量饲料原料,可利用能值高(14.34 兆焦/千克)。

普通玉米蛋白质含量低（7%～9%），缺乏赖氨酸（0.24%）和色氨酸（0.09%），蛋氨酸含量相对较高（0.18%），蛋白质品质差。玉米中粗脂肪含量（3%～4%）相对较高，亚油酸含量约占2%，在所有谷物中含量最高。当玉米占日粮50%以上时，完全可以满足畜禽对亚油酸的需要。含钙（0.02%）、磷（0.25%）量低，且50%～60%为植酸磷。铁、铜、锰、锌、硒含量均较低。无氮浸出物（72%）含量高，其中主要是淀粉，消化率高。粗纤维含量（2%）低。黄玉米中含有丰富的维生素A原（β-胡萝卜素）和维生素E，缺乏维生素D和维生素K。维生素B_1居多，维生素B_2和维生素B_5较少。

玉米适口性好，但由于玉米脂肪多为不饱和脂肪酸，在育肥后期多喂玉米可使猪胴体变软，背膘变厚。玉米缺少赖氨酸，故使用时应添加合成赖氨酸。

玉米易发生霉变。特别是子粒不完整颗粒，受霉菌污染机会很大。而高温高湿也易造成玉米霉变发褐，黄曲霉毒素增高。因此，饲料生产中要特别注意。

2. 小麦

小麦子粒中含粗蛋白质10%～13%、粗脂肪2%、粗纤维2.5%～3%，小麦的有效能值略低于玉米；淀粉易消化，但含有阿拉伯糖基木聚糖；小麦的粗蛋白质含量明显高于玉米，各种氨基酸组成均好于玉米，但苏氨酸含量低；矿物质组成中钙少磷多，铜、锰、锌的含量高于玉米；含有较多的B族维生素和维生素E，但维生素A、维生素D、维生素C、维生素K含量很少。小麦子粒生物素的利用率比玉米和高粱都低。

小麦适口性好，用整粒或粉碎小麦喂猪效果均好，粉碎过细可能影响适口性及采食量。小麦含有比较高的可溶性非淀粉多糖，饲喂过多会使食糜黏性增加，影响消化酶作用，导致饲料消化率和转化效率下降。使用小麦时最好添加专用的复合酶制剂。

3. 米糠

米糠是指糙米精制过程中所脱除的果皮层、种皮层及胚芽等混合物，含米糠蛋白质13%左右；含油可高达10%～18%，且大多数为不饱和脂肪酸；含B族维生素及维生素E。米糠对猪的适口性差。米糠用量大则猪体脂软化，降低屠体品质，因此生长育肥猪用量不能超过20%。米糠含有胰蛋白酶抑制因子，因此子猪应避免使用，以减少下痢现象。米糠不能长久存放，以防酸败变质。

米糠经过脱脂处理，变成米糠饼或米糠粕。由于米糠饼、粕经过了脱脂处理，可以长久保存，不必担心氧化、酸败问题。

4. 麸皮

麸皮是面粉加工厂在小麦加工过程中的副产品之一,颜色因所加工的小麦品种而异。麸皮的蛋白质含量在 15.5% 左右,钙含量低,磷(75%)大都为植酸磷,但由于含有较高的植酸酶,因此磷的利用率较高,猪对麸皮中磷的消化率可达 35%。麸皮有甜味,适口性好,具有轻泻性,故有助于防止猪便秘,是种猪及妊娠前期母猪的良好饲料。由于麸皮的热能较低,不适合用在乳子猪及哺乳母猪料中。如果水分含量过高(超过 14%),易发生虫蛀、发热及结块现象。

5. 油脂

油脂分为动物油脂和植物油脂,能量含量好,是提高日粮能量浓度的最佳原料。添加油脂利于制粒,可减少粉尘。但油脂易酸败,因此要添加抗氧化剂,使用时要检查油脂的质量,包括酸价、碘价及皂化价。

不同物种的油脂能量含量差异很大。据中国 2004 年饲料标准数据,牛油猪消化能为 33.6 兆焦/千克,而大豆油为 36.75 兆焦/千克。

6. 糖蜜

糖蜜是甘蔗制糖时的副产品,含水量 27% 以上。糖蜜含蛋白质极少,且多为非蛋白氮,主要成分是糖类。因此适口性好,可掩盖其他不良风味,增加进食量。但是糖蜜中矿物质钠、氯、钾、镁含量高,造成渗透压不平衡,有轻泻作用。由于糖蜜的含水量高且黏稠,容易使饲料成团状,不易搅拌。用量大时,饲料含水量高,高温季节无法长时间储存。糖蜜的能量含量不高,过多使用可能造成饲料能量不足。以上因素限制了糖蜜的大量使用。大猪用到 20% 即可,小猪在 10% 以下为宜。

7. 乳清粉

乳清粉的蛋白含量为 12% 左右,乳糖含量 61% 以上。消化能为 14.45 兆焦/千克。蛋白质含量虽低,但价值较高,B 族维生素含量丰富。乳糖含量高,是乳子猪的上佳能量来源,乳糖促进乳酸菌繁殖,可以抑制大肠杆菌生长。由于随年龄增长乳糖酶含量下降,因此生长猪及育肥猪少用为好,含量应少于 10%,否则易致拉稀。乳糖具有黏性,可以在制粒时增加颗粒料黏度。乳糖还能增加猪对钙、磷等矿物质的吸收。

(五)蛋白质饲料

1. 豆粕

大豆豆粕蛋白质含量为 40%~50%,赖氨酸含量(2.4%~2.8%)是饼粕类饲料中最高的,苏氨酸含量(1.92%)及色氨酸含量(0.69%)也比较高,相对而言蛋氨酸含量较低(0.67%),因此与谷实类饲料配合可起到氨基酸互补作用。但大豆豆粕中钙少磷多,约61%的磷为植酸磷。

大豆中主要的抗营养因子是胰蛋白酶抑制因子,它可引起动物生长抑制、胰腺肥大和胰腺增生;另一个是大豆抗原。二者可引起子猪肠道过敏反应,造成子猪腹泻。但大豆豆粕也不能过度加热,否则会出现美拉德反应,大豆豆粕中还原糖和氨基酸 ε-氨基之间结合,导致赖氨酸消化率降低。

处理良好的大豆豆粕对任何阶段的猪都适用,大豆豆粕已脱去油脂,多用也不会造成软脂现象。但在代用乳和子猪开食料中,大豆豆粕的用量以不超过10%为宜。大豆豆粕中碳水化合物中粗纤维含量较多,糖类多属多糖和低聚糖类,幼畜体内无相应消化酶,采食过多则引起下痢,最好在乳猪阶段饲喂熟化的脱皮大豆豆粕。

2. 棉粕

棉粕粗蛋白质含量高,可达41%以上,纯棉粕蛋白含量更高。棉粕的赖氨酸含量(1.3%~1.6%)不足,精氨酸含量(3.6%~3.8%)过高,蛋氨酸含量(0.4%)也低,仅为菜子饼粕的55%左右。用棉粕配制日粮时,可以与含精氨酸低、蛋氨酸相对较高的菜子粕相搭配。棉粕中含钙(0.2%)少磷(1.0%以上)多,磷多属植酸磷(71%),利用率低。

棉粕含有多种抗营养因子,如游离棉酚、环丙烯脂肪酸、单宁、植酸等,猪摄食游离棉酚过量或摄食时间过长可导致中毒。常用硫酸亚铁去除棉粕中的游离棉酚,铁元素与游离棉酚的质量比为1:1。

品质优良的棉粕是猪良好的蛋白质饲料,可取代50%的豆粕,但要补充赖氨酸、钙及胡萝卜素等。猪对游离棉酚的耐受量为100毫克/千克,超过此量则抑制猪的生长,并可能引起中毒死亡。游离棉酚含量在0.05%以下的棉粕,在育肥猪饲料中可用到10%~20%,母猪可用到5%~10%。游离棉酚含量超过0.05%的棉仁饼粕,需谨慎使用。我国规定生长猪料中棉酚含量要小于60毫克/千克。

3. DDGS

氨基酸组成不平衡,赖氨酸含量(0.59%)低、蛋氨酸含量(0.59%)和苏氨酸含量(0.92%)均相对较高。DDG 和 DDGS 中含有丰富的 B 族维生素,而且还含有猪、鸡生长所需的生长未知因子。高品质的 DDGS 脂肪含量高,外观色泽金黄,最高可使用到20%。由于其脂肪含量高且吸湿性强,所以容易氧化变质。

4.鱼粉

鱼粉中粗蛋白质含量高,进口鱼粉为 60% ~72%,国产鱼粉一般为 45% ~60%,富含各种必需氨基酸。如赖氨酸(3.87% ~5.22%)、色氨酸(0.60% ~0.78%)、蛋氨酸(1.39% ~1.71%)、胱氨酸(0.49% ~0.58%),各种氨基酸组成均衡,所以蛋白质品质好,生物学价值高。鱼粉中不含纤维素等难以消化的物质,粗脂肪含量高,有效能值高,生产中以鱼粉为原料很容易配成高能量饲料。鱼粉富含 B 族维生素,尤以维生素 B_{12}、维生素 B_2 含量高,还含有维生素 D 和维生素 E 等脂溶性维生素,但在加工条件和储存条件不良时,很容易被破坏。鱼粉中钙、磷的含量很高,且比例适宜,所有的磷都是可利用磷。鱼粉的含硒量很高,可达 2 毫克/千克以上。鱼粉中碘、锌、铁的含量也很高,并含有适量的砷。此外,含有促生长的未知因子,刺激动物生长发育。

鱼粉也含有抗营养因子肌胃糜烂素,组织胺(由组氨酸经微生物发酵而来)的含量较高,在鱼粉生产过程中,直火干燥、加热过度或储存不当可使组织胺与赖氨酸结合,形成肌胃糜烂素。

鱼粉具有改善饲料转化效率和提高增重速度的效果,而且猪年龄愈小,效果愈明显,原因与鱼粉可以补充猪所需要的赖氨酸和蛋氨酸有关。断奶前后,子猪饲料中最少要使用2%的优质鱼粉,育肥猪饲料中一般在3%以下,添加量过高将增加成本,还会使猪体脂变软、肉产生鱼腥味。

鱼粉食盐含量高,在配制饲料时要考虑这一问题。鱼粉是微生物繁殖的良好底物,在高温高湿条件下,极易发霉,被沙门菌和大肠杆菌感染。

5.饲料酵母

饲料酵母中粗蛋白质含量较高,液态发酵的纯酵母粉中粗蛋白质含量达 40% ~60%,而固态发酵制得的酵母饲料或酵母混合物中,粗蛋白质含量为 30% ~45%。饲料酵母富含畜禽生长所需的多种营养物质,如蛋白质、脂肪、碳水化合物、矿物质、维生素和激素等。蛋白质中赖氨酸、色氨酸、苏氨酸、异亮氨酸等几种重要的必需氨基酸含量较高,而精氨酸含量较低,蛋氨酸、胱氨酸含量也相对较低。B 族维生素如烟酸、胆碱、核黄素、泛酸、叶酸含量高。矿物质中钙的含量少,但磷和钾含量高。此外尚含有未知生长因子。

酵母中核酸含量(6% ~12%)高,因此在饲料中添加量过高会使动物尿酸代谢量增加,尿酸在体内沉积于关节等部位,引起关节肿胀和关节炎等。

6.单一氨基酸饲料

猪日粮经常需要添加的是L-赖氨酸。市售的为L-赖氨酸盐酸盐,呈白色或淡褐色粉末状,无味或略具异味。L-赖氨酸盐酸盐产品纯度为98%,其中含赖氨酸80%,因此产品中赖氨酸含量为78.4%。目前市场上推出一种L-赖氨酸盐,产品含量是65%,但极易吸潮结块。蛋氨酸及苏氨酸在教槽料配制时可能是需要添加的,而其他阶段基本不用添加。

(六)矿物质饲料

生产中猪饲料使用比较多的矿物质饲料原料有石粉、磷酸氢钙、骨粉及食盐。而微量元素原料主要是铁、铜、锰、锌等含结晶水的硫酸盐。碘元素主要是碘化钾及碘酸钙,硒元素主要为亚硒酸钠。

石粉:主要成分碳酸钙,含钙35%以上。

磷酸氢钙:为白色或灰白色粉末。通常含2个结晶水,含钙量不低于23%,含磷量不低于16.5%。

骨粉:是以家畜骨骼为原料,在蒸汽高压下蒸煮灭菌后再粉碎而制成的产品,钙、磷含量以有机物的脱去程度而定,一般含钙24%～30%、磷10%～15%、蛋白质10%～13%。

食盐:提供钠离子和氯离子,在猪的配合饲料中用量一般为0.25%～0.5%。食盐不足可引起动物食欲下降,采食量低,生产成绩差,并导致异嗜癖。

铁补充料:常用的有硫酸亚铁、碳酸亚铁、氯化铁和氧化铁等。硫酸亚铁通常为七水盐,为绿色结晶颗粒,溶解性强,利用率高,含铁量为20.1%。

铜补充料:主要有硫酸铜、碳酸铜、氧化铜等。硫酸铜常用五水硫酸铜,为蓝色晶体,含铜量为25.5%,易溶于水,利用率高。

锰补充料:使用较多的是硫酸锰、碳酸锰和氧化锰。硫酸锰以一水盐为主,为白色或淡粉红色粉末,含锰量为32.5%,易溶于水,中等潮解性,稳定性高。

锌补充料:常用的无机锌补充料主要有硫酸锌、碳酸锌和氧化锌。硫酸锌有七水盐和一水盐两种。七水盐为无色结晶,易溶于水,易潮解,含量锌量为22.7%,一水盐为乳黄色至白色粉末,易溶于水,但潮解性比七水盐差,含锌量为36.1%。硫酸锌利用率高,但锌可加速脂肪酸酸败。氧化锌为白色粉末,稳定性好,不潮解,不溶于水,含锌量为80.3%。

碘补充料:主要是碘化钾和碘酸钾。碘化钾为白色结晶料末,含碘

76.5%,易潮解,易溶于水,稳定性差,长期暴露在空气中会释放出碘而呈黄色,高温多湿条件下,部分碘会形成碘酸盐。

硒补充料:包括亚硒酸钠和硒酸钠。亚硒酸钠为白色至粉红色结晶粉末,易溶于水。五水盐含硒量为30%,无水盐含硒量为45.7%。硒酸钠为白色结晶粉末,无水盐含硒量为41.8%。亚硒酸钠和硒酸钠为剧毒物质,操作时应戴防护用具,严格避免接触皮肤或吸入粉尘,在饲料中使用时一定要注意用量和混合均匀度。

在选择矿物元素原料时要考虑多个因素。首先,考虑饲料原料中的含量,不同地域的同一日粮中矿物元素含量差异比较大。其次,矿物质原料质地要好,不但细度要达到一定要求,而且有害重金属含量不能超过国家规定的标准。最后,使用时要混合均匀。

(七)维生素饲料

饲料中维生素需要量非常小,但对维持猪的正常生长和繁殖非常重要,分为脂溶性维生素和水溶性维生素两类。

1. 脂溶性维生素

维生素 A 的化合物为视黄醇,不稳定、易氧化,故常用酯化产品,并经微囊或颗粒化处理,包括维生素 A 醋酸酯、维生素 A 棕榈酸酯和维生素 A 丙酸酯。以国际单位表示,1 国际单位等于 0.300 微克视黄醇、0.344 微克维生素 A 醋酸酯、0.358 微克维生素 A 丙酸酯,0.549 微克维生素 A 棕榈酸酯。一般为每克产品中含 50 万国际单位,为黄色至淡褐色颗粒,对热、酸及光敏感。

维生素 D 有维生素 D_2(麦角甾醇)和维生素 D_3(胆钙化醇)两种形式。1 国际单位等于 0.025 微克结晶维生素 D_3。产品易氧化,经酯化后,包被。一般为每克 50 万国际单位,为白色粉末。

维生素 E 又名生育酚,是一天然抗氧化剂,极易被氧化,故酯化,并包被。1 国际单位 =1 毫克 dL $-\alpha-$ 生育酚醋酸酯。商品形式的纯度一般为 50% 或 25%,为微绿黄色粉末,它在中性条件下较为稳定。

维生素 K 又名凝血维生素,有 3 种形式:K_1(叶绿醌)、K_2(甲萘醌)和 K_3(异戊烯甲萘醌)。市售商品有亚硫酸氢钠甲萘醌的包被物(有效含量 50%)、亚硫酸氢钠甲萘醌复合物(有效成分 25%)及亚硫酸二甲嘧啶甲萘醌(有效成分 50%)。

2. 水溶性维生素

维生素 B_1,又称为硫胺素。商品形式有盐酸硫胺素、硝酸硫胺素,均为白色粉末,易溶于水,耐酸、热而对碱敏感,其中硝酸硫胺素较盐酸硫胺素更为稳定,商品维生素 B_1 的含量一般为 96%。

维生素 B_2,又称为核黄素。为黄色粉末,微溶于水,吸附性极强,易吸潮。对光、碱及紫外线较敏感。维生素 B_2 商品含量为 96% 或 80%,也有 55% 或 50% 的。

维生素 B_3,又称为泛酸、遍多酸。为不稳定的黏性油质,对湿热敏感。商品形式为泛酸钙,白色粉末。D – 泛酸钙的活性为 100%,而 dL – 泛酸钙的活性仅为 50%。1 毫克泛酸钙活性相当于 0.92 毫克泛酸。泛酸钙纯度一般为 98%,也有经稀释后的产品。

维生素 B_4 又称为胆碱。为黏稠的液体,碱性较强,对其他维生素有破坏作用,不宜与其他维生素混合。一般是将其液体形式经吸附剂吸收后变成固体粉状,固体形式添加剂氯化胆碱含量为 50%。

维生素 B_5,又名烟酸或烟酰胺,也称为尼克酸或尼克酰胺,或称维生素 PP。酸或酰胺形式效果相同,白色粉末,较稳定。有效成分含量 98% ~ 99.5%。

维生素 B_6,又称为吡哆醇、吡哆醛或吡哆胺。商品形式为盐酸吡哆醇,白色结晶粉末,对热和氧稳定,在碱性溶液中遇光分解。活性成分含量为 82.3%。

维生素 B_7,又名生物素、维生素 H。为白色针状结晶。商品形式主要为含量为 1% 或 2% 的两种稀释产品,对热敏感。

维生素 B_{11} 又称为叶酸。黄色或橙黄色结晶粉末,有黏性。对空气和热稳定,而对光、酸、碱等均敏感。商品形式常为稀释后产品,叶酸含量为 1%、3% 或 4%。

维生素 B_{12},又名氰钴素、钴胺素,褐色。通常有效成分含量为 1% 的稀释产品,对湿热敏感。

(八)添加剂饲料

主要是非营养性添加剂,包括调味剂(香味剂、甜味剂、鲜味剂)、饲用酶制剂、益生菌(素)、黏结剂、抗氧化剂、防腐(霉)剂、流散剂、着色剂、酸化剂、肠道菌群调节剂(多糖或寡糖)、药物添加剂等。

酶制剂使用可以降解饲料中的非淀粉多糖(如木聚糖,葡聚糖,甘露聚糖),纤维素酶可以降解植物细胞壁以利于养分释放,从而提高饲料消化率。植物中 70% 左右的磷为植酸磷,猪对其利用率很低,通过添加植酸酶,可以提高植物磷的利用率,减少磷矿石利用,降低粪中磷排放量,减少环境污染。

益生菌(素)包括地衣芽孢杆菌、枯草芽孢杆菌、两歧双歧杆菌、粪肠球菌、屎肠球菌、乳酸肠球菌、嗜酸乳杆菌、干酪乳杆菌、乳酸乳杆菌、植物乳杆菌、乳酸片球菌、戊糖片球菌、产朊假丝酵母、酿酒酵母、沼泽红假单胞菌、保加利亚乳杆菌等及其产物。益生菌添加剂可以改善宿主肠道内微生物的平衡。

抗氧化剂有乙氧基喹啉、丁基羟基茴香醚、二丁基羟基甲苯、没食子酸丙酯。抗氧剂加入饲料中可以防止脂肪和维生素的氧化。

防腐(霉)剂有甲酸、甲酸铵、甲酸钙、乙酸、双乙酸钠、丙酸、丙酸铵、丙酸钠、丙酸钙、丁酸、丁酸钠、乳酸、苯甲酸、苯甲酸钠、山梨酸、山梨酸钠、山梨酸钾、富马酸、柠檬酸、柠檬酸钾、柠檬酸钠、柠檬酸钙、酒石酸、苹果酸、磷酸、氢氧化钠、碳酸氢钠、氯化钾、碳酸钠。其中的酸性物质还可以当作酸度调节剂,起酸化剂作用。

着色剂有β-胡萝卜素、辣椒红、β-阿朴-8'-胡萝卜素醛、β-阿朴-8'-胡萝卜素酸乙酯、β,β-胡萝卜素-4,4-二酮(斑蝥黄)、叶黄素、天然叶黄素(源自万寿菊)。着色剂在猪饲料中用途不太大,主要用于鸡饲料。

调味剂有糖精钠、谷氨酸钠、5'-肌苷酸二钠、5'-鸟苷酸二钠、食品用香料。调味剂可以改善饲料的表观味道,改善适口性,掩盖饲料异味,增加猪采食量,从而提高日增重。

黏结剂及流散剂有α-淀粉、三氧化二铝、可食脂肪酸钙盐、可食用脂肪酸单/双甘油酯、硅酸钙、硅铝酸钠、硫酸钙、硬脂酸钙、甘油脂肪酸酯、聚丙烯酸树脂Ⅱ、山梨醇酐单硬脂酸酯、丙二醇、二氧化硅、卵磷脂、海藻酸钠、海藻酸钾、海藻酸铵、琼脂、瓜尔胶、阿拉伯树胶、黄原胶、甘露糖醇、木质素磺酸盐、羧甲基纤维素钠、聚丙烯酸钠、山梨醇酐脂肪酸酯、蔗糖脂肪酸酯、焦磷酸二钠、单硬脂酸甘油酯、丙三醇、硬脂酸。饲料黏结剂是为了增加饲料的黏合力,防止饲料颗粒松散。流散剂的作用和黏结剂相反,它是为了防止饲料结块,提高饲料的流动性。

肠道菌群调节剂有木寡糖、低聚壳聚糖、半乳甘露寡糖、果寡糖、甘露寡糖。寡糖可以改变特定病原菌在肠道内的定植,促进动物生长。

酸化剂主要在子猪日粮中使用,用于降低肠道前段的 pH 值,减少胃和小肠中有害微生物的增殖。酸化剂主要为有机酸,如柠檬酸,延胡索酸或甲酸。有些无机酸(如磷酸,甚至盐酸)也可以被当作酸化剂使用。酸化剂还可以作为饲料防霉剂。

第三节　兽药安全控制

一、兽药安全的重要性

近年来,规模养猪场发展迅速,养猪业的饲养方式正在由传统的粗放型农户散养向规模化、现代化模式过渡。与前者相比,规模化养猪具有单位范围内饲养密度大、生产效益高的优势,但同时也存在传染病易于扩散的弊端。一旦在规模猪场发生疫情将会造成重大损失,重视疫病在规模猪场中的防控,采取相应的综合防治措施是确保规模猪场安全的重要保证。兽药防治关系到畜牧业生产安全和产业的持续发展,更关系到公共卫生安全和公众身体健康。

1. 正确认识规模猪场疫病特点

规模猪场疫病具有传播速度快的特点,传染病病原一旦侵入,则呈现高速繁殖、急剧传播,引起疫病的暴发。如口蹄疫、猪瘟等疫病一旦在规模猪场发生,将会造成重大损失。疫病呈现非典型化现象,规模猪场疫病常由外来人员、引种及生产物质的流通等途径传入,而病原常通过空气或飞扬的尘埃传播,也可通过消化道传播,或因受外伤而感染发病。气源性感染和接触传播是规模猪场疫病暴发的主要原因。规模猪场内一旦有猪感染病毒,在潜伏期即可大量向外排毒,尤其在冬春季节,由于规模猪场里猪群的存栏数量较大,猪舍为保暖又常常处于封闭状态,疫病极易传播。另外,因疫苗的保护率有限,易造成免疫失败,此问题应引起规模化猪场的高度重视。

生猪发病原因较之以前更为复杂。例如,有些是由于恶劣的环境因素造成,有的是因为人工饲养过程中造成的交叉感染,有的是因为生猪引种或人工授精等过程中造成的多病原(细菌、病毒、寄生虫)混合感染,另外病原有可能发生变异,毒力增强。免疫抑制因素也广泛存在,如饲喂发霉变质的饲料造成霉菌毒素中毒,滥用抗生素,诱发病原体抗药性的增高,饲养环境的污染与病死猪的流动等,致使猪病的疫情越来越严重,病情越来越复杂,发病率与死亡率居高不下,防控的难度越来越大,对生产造成重大的威胁。

目前由于病原血清型的改变和新毒株的产生,病毒侵袭的范围不断扩大,临床症状也出现多样化;解剖中每种传染病典型症状不明显,多种疾病混合感染导致的临床症状同时出现等现象给兽医临床诊断带来较大难度,导致治疗难度也越来越大。

据统计,在我国饲养的猪群中每年因疫病死亡的在 15% ~ 20% ,可见猪疫病的发生和流行是影响规模化养猪生产的主要因素之一。而且,猪疫病呈现多样化、复杂化的特点。因此如何科学使用兽药,不但关系到能否及时有效控制疫病,节约开支、提高经济效益,更是保证畜产品安全、优质、无公害的大问题。

2. 兽药的概念和种类

兽药是用于预防、治疗和诊断动物疾病,或者有目的地调节动物生理机能的物质。广义上的兽药包括血清制品、疫苗、诊断制品、微生态制剂、中药材、中成药、化学药品、抗生素、生化药品、放射性药品及外用杀虫剂、消毒剂等。兽药的常见剂型有原料药、针剂、片剂、散剂、消毒剂和生物制剂等。

二、兽药安全使用技术

药物一般都具有两重性,大多数药物在发挥治疗作用的同时,也存在程度不同的副作用。科学合理地使用兽药的基本要求是最大限度地发挥药物的预防治疗和诊断等有益作用,同时使药物的有害作用降到最低限度。

猪场要建立合理、完善的药物预防方案,预防方案要依据本场实际和本地疫情的流行规律或临诊结果,有针对性地选择药物,预防所用药物,还必须有计划地使用,防止耐药菌株出现。并按照药物配伍禁忌要求配合用药,经常进行药物敏感试验,选择敏感药物投药,做到剂量充足,混饲时混合均匀,疗程足够。坚决做到不使用任何违禁药品,严把药物的休药期,防止药物残留对人的健康造成不良影响。

猪场要做到安全合理使用兽药,要注意以下几个方面:

(一)科学选购兽药

1. 从外观初步识别兽药优劣

从外包装和说明书看,正规兽药多带有"R"注册商标,并严格按照规定标注相关信息,如标有"兽用"字样,产品生产批准文号、产品的主要成分、含量、作用与用途、用法与用量、生产日期和有效期、生产企业地址和联系方式等内容。从产品本身看,散剂等独立小包装兽药应避免选取胀袋、结块的,片剂要选完整无损、光滑成形的,药剂水针剂要选清亮透明没有沉淀或混浊的药液。

2. 辨清兽药的真实成分

目前的兽药市场生产厂家为了争夺用户,创造了许多商品名。用户选购时不要只看包装、只听宣传,一定要了解该产品的主要成分及含量,尤其是要避免选购那些标着"未知因子""保密成分"的产品。

3. 了解兽药各种剂型的特点

如针剂分为水针剂和粉针剂,价格较贵,但作用快,效果明显,用药期短;片剂、散剂和药物添加剂使用方便,具有特定疗效,价格相对中等;生物制剂中的各种疫苗等主要是为了预防动物疫病,成本低、效果好、副作用小。

4. 不购买过期和淘汰的兽药

绝大部分兽药都具有有效期限,过期后药效即降低甚至完全丧失。部分商家会低价处理过期兽药,养殖户千万不要贪图便宜,贻误治疗时机。此外,兽药使用者要尽量了解哪些药是已被淘汰或禁用,避免使用这些药物。

(二)熟悉兽药的特性,合理使用

1. 坚持预防为主、治疗为辅

有些养殖者对传染病认识不足,不注重预防,往往发病时才注重治疗,结果增加成本又起不到效果。畜禽疾病要进行早期预防,尤其是畜禽传染病,应按照免疫程序,做到有计划、适时地使用疫苗。

2. 坚持对症下药

不同的疾病病理不同,用药不同。同一种疾病也不能长期使用一种药物治疗,因为有的病菌会产生抗药性。

3. 坚持使用合理剂量

防治畜禽疫病,如果剂量用小了,达不到预防或治疗效果,反而导致耐药性菌株的产生;剂量太大,既造成浪费,增加成本,又造成药物残留,甚至发生畜禽中毒。在实际生产中,首次使用抗菌药可适当加大剂量,其他药物则不宜加大用药剂量。

4. 坚持合理疗程

对常规畜禽疾病来说,1个疗程一般为3~5天,如果用药时间过短,起不到彻底杀灭病菌的作用,甚至可能会给增加治疗难度;如果用药时间过长,可能会造成浪费和药物残留严重的现象。

5. 坚持正确给药

对于猪、牛等大家畜采用肌内或静脉注射给药,方便可靠又快捷;肌内注射又比静脉注射省时省力,所以能肌内注射的尽量不进行静脉注射。

6. 坚持科学配伍

科学合理配伍使用兽药可起到增强疗效、降低成本、缩短疗程等积极作用,但如果药物配伍使用不当,将起相反作用,导致饲养成本加大、药物中毒、药物残留超标和畜禽疾病得不到及时有效治疗等后果。

下面列出一些常见药的使用注意事项：

（1）四环素类药物　四环素类药物可与钙、镁等元素结合成不能被吸收利用的络合物而使药物的药效降低或丧失，因此使用四环素类药物时，应忌喂富含钙、镁等元素的饲料、饲料添加剂和药物。饲料如黑豆、大豆、饼粕等，饲料添加剂如石粉、骨粉、蛋壳粉、石膏等，补钙药物如碳酸钙、磷酸氢钙、葡萄糖酸钙、氯化钙等。

（2）磺胺类药物　使用磺胺类药物时应忌喂含硫的饲料添加剂和药物，因为硫会加重磺胺类药物对血液的毒性，引发硫化血红蛋白血症，如人工盐、硫酸镁、硫酸钠、石膏、硫酸亚铁等。

（3）维生素类药物　因维生素类药物多为酸性，故不能与碱性较强的饲料添加剂和药物同时使用，如胆碱、碳酸钙、磺胺类药物。另外，硫酸亚铁、氯化亚铁、硫化亚铁也不能与维生素类同时使用，因为此类饲料添加剂会加速维生素类药物的氧化破坏过程。最后，防治畜禽维生素 A 缺乏症时，应忌喂棉子饼，它会影响维生素 A 的吸收。

（4）葡萄糖酸钙、氯化钙、磷酸氢钙等补钙药　应忌与强心苷合用，忌喂麸皮、菠菜等饲料和胆碱饲料添加剂，因钙在酸性环境中易吸收，而强心苷、胆碱等碱性较强，合用会导致钙不易被吸收。

（5）敌百虫　在使用敌百虫时应忌喂含小苏打的饲料添加剂和药物，因小苏打碱性较强，可使敌百虫转化为较强毒性的敌敌畏而引起严重的中毒。

（6）硫酸亚铁等含铁药物　应忌喂高粱、麦麸，因为高粱中含有较多的鞣酸，可使含铁制剂变性，从而降低药效；而麦麸含磷较高，可抑制药物的吸收利用。

（7）肾上腺皮质激素类药物　如氢化可的松倍他米松、醋酸可的松、醋酸地塞米松、醋酸泼尼松等，急性细菌性感染时应与抗菌药并用，禁用于骨质疏松症和疫苗接种期。

（8）注意兽药有效浓度　如青霉素粉针剂一般应每隔 4 ~ 6 小时重复用药 1 次；注射卡那霉素，有效浓度维持时间为 12 小时，连续注射间隔时间应在 10 小时以内；油剂普鲁卡因青霉素则可以间隔 24 小时用药 1 次。

（三）合理储存兽药

为了保证药品质量，在储存与保管时，必须达到药品项下规定的基本要求：

1. 遮光

遮光是指用不透光的容器包装（如棕色容器），或用黑纸包裹的无色透明、半透明容器。

2. 密闭

密闭是指将容器密封，以防止尘土及异物进入。

3. 密封

密封是指将容器密封，以防止风化、吸潮、挥发或异物进入。

4. 熔封或严封

熔封或严封是指将容器熔封或用适宜的材料严封，以防止空气或水分的侵入并防止污染。

5. 阴凉处

阴凉处是指环境温度不超过20℃。

6. 阴暗处

阴暗处是指环境避光并不超过20℃。

7. 冷藏

冷藏是指环境温度为2～10℃。

小 知 识

合理使用兽药注意的事项

药物合理应用的前提条件是正确诊断。盲目用药非但无益，还可能耽误治疗甚至危及动物的生命。下面给出几条经验，供养殖户们参考：

一般使用常用药足以显效的，就不用"稀、贵、新"药。

一种药能治好的病，就不要用两种药物，尤其是两种以上的药物。

危重病例，宜采用静脉注射或静脉滴注给药，治疗肠道感染或驱虫时，宜口服给药。

不使用违禁药物：禁用盐酸克伦特罗（瘦肉精）、沙丁胺醇、氯霉素、痢特灵、金刚烷胺等抗病毒类药物，包括性激素类、兴奋剂类、蛋白同化激素、汞制剂类和各种抗生素滤渣等，更不得将人用药转为兽用，禁止使用已经淘汰的兽药。

严格执行农业部规定的兽药休药期，避免兽药残留超标也是合理用药必须认真遵守的原则。

坚持完整的用药记录，将药品详细信息记录清楚，以备需要时查验。

第四节　疫苗安全控制

一、疫苗安全的重要性

动物防疫工作与养殖业的发展、自然生态环境保护、人类身体健康关系十分密切。目前,动物疫病对养殖业的危害最为严重,它不仅可能造成大批畜禽死亡和畜产品损失,影响人们的生产生活和对外贸易,而且某些人畜共患传染病还可能给人类健康带来潜在威胁。由于现代规模化、集约化养殖业的畜禽饲养高度集中,调运、移动非常频繁,所以更易受到传染病的侵袭。

畜禽传染病的控制和消灭程度,是衡量一个国家动保事业发展水平的重要标志,甚至代表一个国家的文明程度和经济发展实力。因此,开展动物防疫工作在畜禽饲养或者其他各种动物饲养中占有极其重要的地位,应该受到长期的重视。

疫苗是指具有良好免疫原性的病原微生物经繁殖和处理后制成的生物制品,接种动物能产生相应的免疫效果,对生猪按科学的免疫程序进行免疫接种是预防生猪传染病最经济、最方便、最有效的方法之一。疫苗免疫接种可以有效防止传染病的暴发。疫苗安全性及质量是免疫成败的关键因素,直接影响免疫效果,影响到养猪的成败。

目前,猪场常用疫苗主要有猪瘟、猪丹毒、副伤寒、伪狂犬、细小病毒、大肠杆菌疫苗等。根据疫苗的制备情况和发展阶段,可以将其简单地分为灭活疫苗(又称死疫苗)和弱毒疫苗(又称活疫苗),另外还有单价疫苗、多价疫苗、混合疫苗、同源疫苗、亚单位疫苗、基因工程疫苗等。

在猪场免疫工作中,经常遇到生猪接种了某种疫苗后仍发生该病的情况,通常称为免疫失败。生猪免疫失败产生的原因有很多,概括起来主要包括:疫苗自身因素,疫苗的质量,疫苗保管及处理方面的因素,免疫程序不合理,疫苗接种方法不当,猪场在免疫接种期间使用抗菌药或药物性饲料添加剂,生猪感染免疫抑制性疾病及生猪本身机体免疫状况等。

二、免疫监测与疫苗安全使用技术

纵观动物机体免疫应答的全过程,虽然涉及的方面很多,但是归结到一点,最后起决定性作用的还是针对该接种抗原所产生的抗体,抗体滴度或效价的高低直接影响着免疫效果。因此,人们开始从监测即时抗体水平或抗体水平的动态变化来判断动物对某种疾病的抵抗力或某种疫苗的免疫效果。

(一)免疫监测的概念及意义

免疫监测是通过免疫血清学的方法对免疫后机体抗体水平的测定,根据免疫监测的结果来检验免疫成效的一种技术方法。血清学技术应用于鉴定动物致病源方面已有一定的历史,是一项比较成熟的技术。

免疫预防是目前动物疫病流行地区控制疫病的主要手段。在免疫的同时选择良好的监测手段,建立和执行可行的免疫监测程序以优化免疫程序并确保免疫效果,有助于及时发现并分析所存在的问题,最终达到控制疫病的目的。

(二)疫苗安全使用技术

1. 选购疫苗的基本原则

第一,要根据当地和本猪场疫病流行情况,拟定出所需疫苗的种类(疫苗毒株的血清型要与当地病原流行株相对应),根据种猪数量、年产子猪数量、育肥猪出栏数量和后备猪补充数量,计划出各类疫苗的需要量。不可盲目购买,避免造成浪费。

第二,要从当地动物疾病防控中心购买 GMP 企业(生物制品厂)生产的疫苗,进口疫苗可到中外合资或独资公司或指定代理商购买。选择有国家主管部门批准生产文号或进口批准文号的疫苗,疫苗的内外包装要规范完整,疫苗标识要清楚,说明书要通俗易懂,进口疫苗应有中英文两种说明书,否则不要购买。这样不仅能买到高质量的产品,而且在使用中出现问题时易于查找原因,及时争取厂家的技术支持。

第三,严格检查疫苗生产厂家、生产日期、有效期,疫苗瓶有无裂纹,封口是否严密,瓶内是否有异物、凝块、冻结、沉淀或出现混浊等,发现其中任何一项不合格的都不要购买。

第四,详细了解拟购疫苗的性能、特点、使用方法及保存运输要求,以及生产厂家售后技术服务体系等。进货时要索要产品合格证、成品检验报告单,检验单上应有厂家质检部门的印章,以留备用。

第五,为防止购入假冒伪劣产品,严禁从私人或不法经销商手中购买疫苗,同时要注意厂家利用一个批准生产文号套号生产多种疫苗的产品。

2. 正确使用疫苗进行免疫预防

(1)建立健全生物安全体系 生物安全体系是一项系统工程,包括厂址的选择及整个生产全过程。建立科学严格的卫生防疫制度和措施,实行场区或栋舍化的"全进全出"制度,畜禽舍在进畜禽前彻底清扫、冲刷、消毒、并有适当的空闲期,供给畜禽清洁卫生的饮水和全价饲料,保持畜禽舍内良好通风及适宜的温湿度,是生物安全措施的主要方面,是控制各种传染病的首要条件,也是充分发挥疫苗作用的前提条件。

(2)疫苗的运输及保存 运送疫苗要严格执行冷链系统,防止高温和日光暴晒。夏季运送疫苗应采取保温设备,防止反复冻融,冬季运送灭活疫苗则要防止冻结。病毒性冷冻真空干燥疫苗应在 −15℃ 以下保存,一般保存期为2年。细菌性冷冻真空干燥疫苗在 −15℃ 的条件下保存时,一般保存期为2年;于2~8℃的条件下保存,保存期为9个月。油佐剂灭活疫苗应在2~8℃的条件下保存,严禁冻结。大多数猪用细菌性灭活疫苗为铝胶佐剂疫苗,应在2~8℃的条件下保存,不宜冻结。蜂胶佐剂灭活疫苗应在2~8℃的条件下保存,不宜冻结,使用前要充分摇匀。耐热保护剂活疫苗可在常温下保存,不需冷藏。

3.制定科学合理的免疫程序

猪场的免疫程序应根据当地的实际情况制定。如:要考虑当地和本猪场疫病流行情况和规律,猪的种类、年龄和健康状况,猪场的生产实际与饲养管理水平,母源抗体的干扰以及疫苗的种类、性质、免疫途径等各种因素。免疫程序也不是固定不变的,应根据实际应用的效果随时进行合理调整,血清学抗体监测和疫苗免疫效果的评价是重要的参考依据。

灭活疫苗和弱毒疫苗配合应用,是控制传染病的关键措施。设计和制定科学合理的免疫程序,目的是提高免疫应答的整齐度,避免"免疫空白期"和"免疫麻痹"。疫苗的免疫程序在各个养殖场、各种不同用途的畜禽群、各种不同饲养方式的情况下是不可能相同的,要使免疫程序和实施方案合理,应根据不同情况制定切合实际的程序。

4.掌握正确的疫苗接种方法

使用疫苗时要注意免疫接种的方法,如疫苗的接种方法不当,有时会造成严重的后果。目前猪用活疫苗和灭活疫苗,最常用的接种方法是肌内或皮下注射,如猪瘟兔化弱毒疫苗和猪蓝耳病灭活疫苗等。其次是滴鼻免疫接种,如伪狂犬病疫苗和猪传染性萎缩性鼻炎灭活疫苗等。再就是口服免疫接种,如子猪副伤寒活疫苗和多杀性巴氏杆菌活疫苗等。也有经穴位注射接种的,如猪传染性胃肠炎和流行性腹泻疫苗采用猪后海穴注射接种,效果较好。

5. 选择优质的疫苗稀释液

不同的疫苗其使用的稀释液也不尽相同。病毒性活疫苗注射免疫时，应用灭菌的生理盐水或蒸馏水稀释，细菌性活疫苗必须使用铝胶生理盐水稀释，饮水免疫可用冷开水或井水稀释，而某些特殊的疫苗要使用厂家配备的专用稀释液。使用的稀释液要尽可能减少热源反应，不能出现质量问题，否则会造成免疫失败。

6. 不要随意联合使用疫苗

从目前情况来看，灭活疫苗联合使用出现相互影响的现象比较少，有的还有促进免疫的作用，弱毒疫苗联合使用可出现相互促进、相互抑制或互不干扰等，故在没有科学的试验数据和研究结论时，不要随意将两种不同的疫苗联合免疫接种。动物机体对抗原的刺激反应性是有限度的，同时接种疫苗的种类和数量过多，不仅妨碍动物机体针对主要疫病产生高水平的免疫力，而且还有可能出现不良反应，进而降低机体的抗病力。因此，给猪群进行免疫预防时，尽可能使用单苗，少用联合疫苗。

小 知 识

免疫注意事项

疫苗接种前，要认真阅读瓶签及使用说明书，严格按照规定稀释疫苗和使用疫苗，不得任意变更；仔细检查疫苗的外包装与瓶内容物，变质、发霉及过期的疫苗不能使用。

注射病毒性疫苗前后各 4 天内不要使用抗病毒药物和干扰素等，两种病毒性活疫苗一般不要同时接种，应间隔 7～10 天，以免产生相互干扰。病毒性活疫苗和灭活疫苗可同时使用，分别肌内注射。注射活菌疫苗前后 7 天内不要使用抗生素，两种细菌性活疫苗可同时使用，分别肌内注射。抗生素对细菌性灭活疫苗一般没有影响。

抗体水平的高低与疫苗注射剂量有正相关性，但是免疫接种时一定要按规定的免疫剂量注射，不能人为地随意增大剂量，超大剂量的接种会导致免疫麻痹，使免疫细胞不产生免疫应答；同时免疫接种的次数也不宜过多，否则对猪的应激大，如果抗体水平高时接种疫苗会发生中和反应，反而导致猪体免疫力下降。

疫苗稀释后其效价会不断下降，在 15℃ 以下 4 小时失效、15～25℃

2小时失效、25℃以上1小时失效。因此,稀释后的疫苗要在规定的时间内用完,不能过夜。

处在疫病潜伏期的猪接种弱毒活疫苗后,可能会引发疫情,甚至引起猪死亡。妊娠母猪尽可能不接种弱毒活疫苗,特别是病毒性活疫苗,避免经胎盘传播,造成子猪带毒。发高热、老弱病残猪不要接种疫苗。

注射完疫苗后,一切器械与用具都要严格消毒,疫苗瓶要集中消毒废弃,以免散毒污染猪场与环境,造成安全隐患。

接种疫苗后,要认真观察猪群的动态,发现问题及时处理。疫苗免疫接种反应有如下几种。一般反应:猪精神不振、减食、体温稍高、卧地嗜睡等。一般不需治疗,1~2天后可自行恢复。急性反应:注射完疫苗20分后发生急性过敏反应,猪表现为呼吸加快、喘气、眼结膜潮红、发抖、皮肤红紫或苍白、口吐白沫、后肢不稳、倒地抽搐等。可立即肌内注射0.1%盐酸肾上腺素,每头1毫升;或地塞米松,每头10毫克(妊娠猪不用);或者肌内注射盐酸氯丙嗪,每千克体重1~3毫克,必要时还可肌内注射安钠咖强心。最急性反应:与急性反应相似,只是发生快、反应更严重些。治疗时除使用急性反应的抢救方法外,还应及时静脉注射5%葡萄糖溶液500毫升、维生素C 1克、维生素B_6 0.5克,同时可配合肌内注射猪用转移因子1~2毫升。

给猪群进行合理疫苗接种,一定要选择优质的疫苗,制定合理的免疫程序,采用正确的接种方法,注意操作技术,建立抗体监测制度,加强科学的饲养管理,健全生物安全体系。

尽量避免影响疫苗免疫效果的各种因素,预防畜禽传染病的疫苗种类很多,同种类疫苗中还有不同品种、不同毒株型号的疫苗之分。尽管许多疫苗对预防各种传染病都有一定的免疫效果,但各种疫苗应用后免疫效果的差异还受到多方面因素的影响。注射接种疫苗时,要做到一头猪一个针头,消毒后使用;注射部位先用碘酊消毒,后用酒精棉球擦干再注入疫苗,防止通过注射而发生交叉感染。免疫注射使用针头的长度要求是:哺乳子猪为9×10(规格×毫米,后同)、断奶子猪为12×10、育肥猪(含后备猪)为16×38,生产种猪为16×45(或38)。

第五章　生猪标准化饲养技术

　　管理好公猪提高其利用率对猪场至关重要。俗话说,公猪好好一坡,母猪好好一窝,可见公猪对猪场的影响之大,特别是大规模的猪场实行人工授精,公猪的饲养管理更为重要。

　　母猪主要任务是保证胚胎在母体内得到充分发育,尽量避免或减少胎儿吸收、流产、死胎、木乃伊胎和畸形胎的发生率,以达到母猪产子多、子猪健壮、均匀整齐、初生体重大。

第一节　种猪的标准化饲养

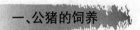

一、公猪的饲养

（一）后备公猪的饲养

后备猪是成年猪的基础,后备种公猪体重达50千克前采用群养,从其20多千克时开始第一次选择,集中在一起与育肥猪一同饲养。到50千克左右时进一步选择优良品系,淘汰不符合要求的种猪。后备种公猪体重达50千克左右时逐渐显示出雄性特征,此后要与其他猪分开饲养。

后备种公猪要饲喂配合饲料并适当添加鱼粉等动物性饲料,要特别注意青饲料和矿物质的补充。如后备公猪在50～120千克阶段,其饲料中的钙、磷和有效磷的需要量比生长育肥猪高0.05%～0.1%。注意切勿将种公猪饲养过肥,种公猪过肥则性欲减退,母猪受胎成绩不良。

后备种公猪的日龄达到6～7月龄就可以开始调教(图5-1),一般在8月龄以上,体重120千克以上开始使用,最低不得低于7.5月龄。使用前在配种妊娠舍饲养45天适应环境。年轻公猪每周配种不得超过3次,配种休养期不少于3天。

图5-1　后备种公猪调教

（二）种公猪的饲养

公猪饲养管理的目的是维持公猪良好的体况,保持旺盛的性欲及良好的精液品质。优秀的公猪必须具有强健的肢蹄,良好的精液质量及温驯的性情。因此,管理公猪的工作主要在于使公猪有适量的运动及合理的营养,以增加四肢的强度。

1. 种公猪的饲喂

配种期成年公猪每千克饲料中应含消化能 13.44~13.86 兆焦,含粗蛋白质 15%~16%、赖氨酸 0.7%、钙 0.8%、磷 0.6%,钙与磷的比例为 1.5:1,含食盐 0.5%,适当添加一些复合维生素和矿物质添加剂,特别是维生素 A、维生素 D 和维生素 E。有些专业户误认为营养价值越高越好,其实这样做不但对公猪精液质量不利,而且会增加不必要的饲料成本。提供所需的全价营养,可使种公猪的精子品质最佳、数量最多。同时,要注意保持种公猪理想体型(3 分膘情)。

为了交配方便,延长使用年限,公猪不应太大,这就要求限制饲养。公猪料,日喂 2 次,每头每天喂 2.5~3.0 千克。每餐不要喂得过饱,以免猪饱食贪睡,不愿运动造成过肥。配种期每天补喂一枚鸡蛋,喂鸡蛋于喂料前进行。后备公猪的饲喂,体重在 120 千克以下时每天 2.5~3.6 千克,当体重达到 120 千克时喂 1.8~2.7 千克直到配种。

2. 种公猪的管理

种公猪实行单圈饲养,保持不肥不瘦、体态轻盈的体型。日常管理中加强种公猪运动,可使其提高新陈代谢、防止肢蹄病、保持旺盛的性欲。经常保持猪体和猪舍的清洁卫生。固定每头公猪的采精频率。发现有繁殖障碍或传染病的公猪要及时淘汰,采精公猪年淘汰率一般在 60% 以上。做好夏天的防暑降温工作和冬天的防寒保温工作,特别是热应激危害大,天气炎热时应选择在早晚较凉爽时配种,并适当减少使用次数,刚采精完毕不能马上冲水降温。要注意防止公猪的体温升高,如高温环境、患病、打斗、剧烈运动等均有可能导致其体温升高,即使短时间内的体温升高,也可能导致长时间的不育,因为从精母细胞发育至成熟精子需要 40 多天。饲养人员与公猪接触过程中要保持适当距离,但要做到人畜亲善,不要背对公猪,不得鞭打公猪;公猪做发情鉴定时,对正在爬跨的公猪须从母猪背上拉下时,不要用手推拉公猪肩部和头部,避免其对人攻击。加强公猪运动,严防公猪咬架。定期检查公猪精液品质,严禁死精公猪配种,对精液品质差的公猪调整营养及使用方案。每周用温水刷拭一次公猪,同时驱除体外寄生虫;注意维护公猪的肢蹄,防止蹄病出现(图 5-2);性欲低下的,可以每天补喂辛辣性添加剂或注射丙酸睾丸素。

图 5-2　猪蹄部护理

3.种公猪的使用

（1）人工授精公猪　调教后的公猪（7～12月龄），一般每周采精1次，12月龄后每周2次，成年后每周2～3次。公猪的使用年限，美国一般为1年或半年，更新率高；国内一般可用2年，但饲养管理要合理、规范。超过4岁的老公猪，一般不予留用。

（2）本交种公猪　公猪配种完成后，应休息2～3天。配种后填写公猪使用卡，将数据录入计算机。14天以上未使用的公猪配种可导致产子数降低，因此需淘汰多余公猪，保证公猪均衡使用。发热与热应激会导致公猪精子活力下降（由90%下降至30%，经8周后方恢复到90%的正常水平），因此发热公猪1个月内禁止使用，并且要避免受热应激。配种使用间隔：壮年公猪休养2天，青年公猪休养3天，所有公猪休养天数要多于配种次数。健康公猪休息天数不得超过2周，以免发生繁殖障碍。对于性欲差的公猪，可用前列腺素促进性欲。肌内注射175微克氯前列烯醇，在10分内可使交配行为增加，公猪正常爬跨、射精。但在炎热夏季注射，可造成公猪过热，故此季节严禁使用。

采用本交方式种公猪的最大交配次数情况见表5-1。

表 5-1　采用本交方式种公猪的最大交配次数

	6～8月龄	9～12月龄	1岁以上
每天	1次	1次	2次
每周	2次	4次	6次
每月	8次	16次	24次

二、妊娠母猪的饲养

（一）妊娠母猪的营养需要和饲料给量

母猪妊娠后，新陈代谢旺盛，但对营养水平要求不高，因为母猪妊娠后对饲料具有很强的消化、吸收、同化、转化等能力。母猪妊娠期间增重明显，产后体重一般比配种体重多20千克，而空怀母猪增重只有几千克，妊娠母猪必须保证合理的能量供给，对提高子猪出生重和泌乳能力非常重要。妊娠母猪前期增重快于后期，脂肪沉积大部分在前期，膘情恢复明显，膘厚往往增加4~6毫米，此时可以采用较低的营养水平（如粗纤维水平可以高），但饲粮品质要好、营养要均衡。妊娠后期胎儿生长速度明显加快，此时应控制日粮体积以免压迫胎儿，但营养要供给充分，营养不足往往引起母体消耗、流产、弱子或死胎等严重问题。但营养过剩会导致母体过肥，会使母体子宫周围沉积过多脂肪，阻碍胎儿发育，也会引起母猪弱子或死胎。

饲料给量应根据妊娠母猪的妊娠阶段、母猪体况、品种差异、怀孕胎次和繁殖性能等实际情况确定饲喂水平，不同阶段不同胎次的妊娠母猪饲喂参考标准见表5-2。这一种"步步高"的饲粮供给方式，对于不同阶段的饲料喂量国内外进行了许多研究，有的主张2阶段，有的主张3阶段。但即使在同方式同阶段的情况下，不同品种的猪饲喂量也会有差异，如体格大的种猪比一般种猪高0.3~0.5千克。另外，母猪膘情的认定在饲养中也很关键，此项工作主观性大、工作烦琐，需要饲养人员细心。很多管理不好的猪场母猪膘情不均匀，从而导致母猪产子不均匀，子猪弱子或死胎多。

表5-2 妊娠母猪饲喂标准

配种后妊娠天数	经产母猪	初产母猪
0~7天	(1.8±0.2)千克/天	(2±0.2)千克/天
8~35天	(2.0±0.5)千克/天	(2.2±0.5)千克/天
36~70天	(2.3±0.5)千克/天	(2.3±0.5)千克/天
71~110天	(3.0±0.5)千克/天	(3.0±0.5)千克/天

在妊娠母猪饲喂过程中，要按妊娠天数（子猪发育程度）及膘情灵活给料，3分膘是妊娠前期母猪的标准体况，4分膘是妊娠后期母猪的标准体况。

如果饲养过肥（达到5分膘），容易导致母猪分娩后采食量不佳，掉膘严重，泌乳力差，影响哺乳；断奶后母猪体况不佳，配种困难。对于分娩后食欲旺盛的母猪，断奶前必须限饲降膘，否则不利于发情配种。

母猪体况评分参考标准见图5-3。

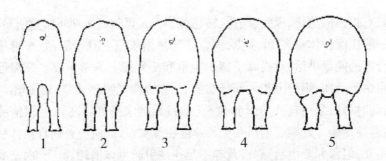

图 5 - 3   母猪体况评分参考图(5 分制)

(二)妊娠母猪的管理

妊娠母猪采用单栏饲养、限制饲喂,通过限制母猪采食量降低饲养成本。这样有利于增加胚胎的成活率,减少因母猪过肥造成的分娩困难,降低因子猪个体发育过大造成的母猪难产,减少乳腺炎的发病率,延长母猪使用期。妊娠母猪也可以采用小群饲养,将体重、性情和配种时间相近的 3～5 头母猪混养,妊娠后期调整为每圈饲养 2～3 头。小群饲养的优点是母猪可以自由运动,食欲好,缺点是若分群不好母猪采食不均匀。单栏饲养的优点是采食均匀,缺点是母猪空间小而固定,不能自由活动,肢蹄问题较多。

母猪妊娠初期,应避免受热应激的影响,以免造成胚胎早期死亡。不得鞭打、追赶及粗暴对待母猪,不得大声吆喝,防止死胎和流产。防止妊娠母猪便秘,应保证充足的饮水。防止母猪妊娠期持续高热,当妊娠 102～110 天时,若母猪的体温达到或超过 39℃,会降低分娩子猪数、增加死胎率、减少子猪出生重。

注意母猪保健护理,有寄生虫病史的猪场,在母猪妊娠 1 个月后,每月喷洒体外驱虫药 2 次,预防体外寄生虫病;母猪临产前 4 周进行体内驱虫。在产前 5～10 天将母猪转入产房适应环境,转入产房前用清水、洗涤灵将其刷洗干净,特别是乳房、腿、阴门部分。刷洗后体表用 1%～2% 的敌百虫药浴后转入产房。

要创造良好的饲养环境,保持猪舍的清洁卫生,每天清理打扫粪便两次。寒冷天气注意防寒保暖通风,炎热天气注意降温防暑。保证妊娠母猪饲料不发霉或含有毒物质,饮水要清洁。

种猪管理者必须每周对每头妊娠母猪体况进行评估,并根据其采食量调整饲喂量,以期达到产子时的最佳体重和膘情,也避免饲料的浪费。母猪栏前悬挂配种记录卡,以便观察及根据妊娠天数调整喂料量。饲养人员对待母猪要温和,不要鞭打惊吓母猪,每次观察母猪采食、饮水、粪尿和精神状态等情况时,发现异常及时处理、汇报和记录。

日常饲养管理还要注意:减少猪之间的争斗,地面要平整防滑;猪舍温度保持在20℃左右;猪的体重每增加10千克,饲料的能量增加5%;饲料的蛋白水平应为15%～16%,粗纤维水平为6%;公母猪配种前及母猪妊娠后期搞好免疫注射,发现病猪及时治疗和消毒,禁止使用容易引起流产的药物(如地塞米松)。

(三)母猪的分娩及其饲养管理

1. 母猪产前的准备

(1)产房准备(图5-4) 临产母猪入产房前,要检修产房设备,彻底打扫冲洗产房、产栏,风干,产房适宜温度要求接近22℃,相对湿度65%以下,消毒干燥后进猪,最好使用熏蒸消毒;夏季防暑降温、冬季防寒保暖。

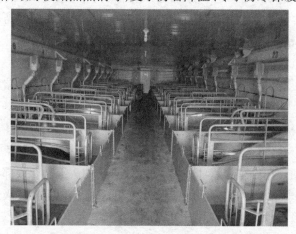

图5-4 产房准备

(2)资料准备 入猪后,在每头临产母猪前悬挂产房卡并填写母猪号、胎次等内容。

(3)分娩准备 妊娠母猪产前7～10天进入产床,将进入产房前的母猪冲洗干净。临产母猪分娩前3天,每天上下班检查其乳房是否有乳溢出。最后一对乳头出乳后,检查母猪羊水是否破出,及时打开子猪加热灯或保温箱。根据母猪体长插好母猪位置限制调节杆,避免压死出生子猪。

(4)用具准备 准备接产工具,如高锰酸钾、碘酒、干净毛巾、照明灯具,温度低的天气还要子猪保温箱、红外线保温灯或电热板。分娩前用0.1%的高锰酸钾液擦洗母猪的乳房、阴门及产床。垫袋用来放置初生子猪,毛巾用来擦拭子猪胎液。

2.母猪临产征兆

随着临产期的接近,母猪表现出筑巢行为,也伴随出现一系列临产行为。母猪通常在产前24小时开始出现絮窝、起卧不安、经常翻身改变躺卧姿势等情况;阴门红肿,频频排尿;当临产更近时,可以挤出初乳,乳房有光泽,两侧乳头外张,用手挤压有乳汁排出,当最后一对乳头能挤出乳汁时,6小时左右后分娩;在分娩前6小时母猪的呼吸增加至每分91次,当呼吸逐渐下降至每分72次时,第一头子猪即将分娩;在分娩前母猪子宫羊水破出,表明母猪已经开始产子。

3.母猪的接产

母猪分娩持续时间为0.5~6小时,平均2.5小时,子猪出生间隔一般为15~20分;产子间隔越长越不利,往往子猪体弱,甚至窒息死亡。有难产历史的母猪分娩容易流产,需要特别护理。母猪分娩时一般不需要帮助,但当其出现烦躁、极度紧张、产子间隔超过45分等情况时,就要考虑助产。母猪接产要注意以下要点:

第一,必须保持产房的安静,避免刺激正分娩母猪,以免母猪中断分娩,造成死胎。

第二,子猪出生后,接产员应立即用毛巾将其口、鼻的黏液清除、擦净,并将全身黏液擦净(减少子猪热量丢失)。发现假死猪,用手指轻压脐带基部,若其仍在跳动,应立即抢救。即用双手握住子猪的头部和背腰部,使其腹部朝上,轻轻揉动子猪,使它腹部运动如呼吸状,倒立子猪以排出呼吸道中的羊水,使其正常呼吸;也可用手轻轻拍打子猪屁股,使其发出叫声。

第三,将子猪及时放入保温箱中保温。

第四,及时使子猪吃到初乳,并对体质弱小子猪辅助采食初乳。初乳主要是产子24小时之内分泌的乳汁,也有资料把3天内的乳称为初乳。初乳比常乳浓,含很高的免疫球蛋白,含有镁盐,具有轻泻作用。所以及时让子猪吃到初乳,对提高其活力很有帮助。

第五,注意分娩前母猪体温、呼吸状况,体温达到39.5℃时,必须对母猪进行检查并治疗,持续高热将导致母猪产后死亡或无乳症的发生。

第六,检查排出胎衣数量(常见一大块,两小块胎衣)和母猪是否仍有努责,确认是否生产结束。对于分娩不正常的母猪,要在产房卡上做记录。分娩结束后,实事求是填写母猪产子情况。

4.难产判定及助产

(1)难产的症状　妊娠期延长(妊娠期超过116天,胎儿已部分或全部死亡,一般对维持妊娠很少有影响,但胎儿死亡将延长正常分娩的启动时间),阴门排出血色分泌物和胎粪,没有努责或努责微弱不产子。母猪产出1~2头子猪后,子猪体表已干燥且活泼,而母猪在1小时后仍未产子,分娩终止。母猪长时间剧烈努责,但不产子。

(2)难产的几种情况及治疗

1)子宫收缩无力型难产　多出现在体质差、带子多的母猪。治疗上采用每30分肌内注射催产素2毫升。只有检查确定子宫颈已经开张和不存在产道堵塞时,方可注射。

2)胎儿阻塞型难产　主要由于胎儿过大和胎位不正引起,多出现在膘情过肥的母猪,治疗上采用掏猪的方式。

3)阴道阻塞型难产　主要因产道软组织损伤、膀胱膨胀、阴道瓣坚韧或粪便秘结等原因造成。产道软组织损伤,可能是胎儿脚趾或犬齿通过产道时造成的,另外也可能是粗暴、不熟练操作引起的;对于膀胱膨胀的母猪,可把母猪带出产房运动10分;坚韧的阴道瓣可用手捅破;对于便秘的母猪,可用肥皂水灌肠。

4)有难产史的母猪　临产前两天或超过预产期3天时,肌内注射2毫升律胎素,或产前注射催产素2毫升。

(3)助产　一般情况下,未见胎衣下来或胎衣数量不全,且母猪仍呈现躺卧状态,似有微弱努责时,或母猪长时间努责但不产猪时,应进行阴道检查,进行助产。助产前清洁母猪的后区。修短指甲,清洗手和手臂,消毒、涂石蜡油润滑手臂。手呈圆锥状伸入阴门,在宫缩的间隙前进,手到子宫颈口为止,不再前进。手进入越深,对母猪损害越大。子猪后肢在前的,可用手直接拉出;头部在前的,可用拉猪的索套或产科钳拉出,拉猪使劲要和母猪努责一致。掏猪后必须冲洗消毒或抗生素治疗,以防继发感染。

5.产房饲养管理

(1)产房的环境要求

1)产房实行"全进全出"制　以便控制子猪疾病的交差感染和断奶后母猪的同期发情。

2)产房的环境要求　温暖、干燥、洁净、无贼风。

3)产房温度控制　母猪进产房后舍温要逐步从22℃提高到27℃。闷热潮湿的雨季(7~9月)舍温控制在22~25℃,减小产房和配种妊娠舍的温差,预防母猪对闷热的应激;凉爽干燥的春、秋季节(3~6月,10~11月)和干冷的冬季(12月至翌年2月)舍温按产房温度控制标准控制。冬季舍温可偏高,在25℃左右。根据舍温需要,调整通风、加热、制冷设备。产房温度标准见表5-3。

表5-3 产房温度按梯度下降标准

产猪周数	产前1周	产后1周	产后2周	产后3周	产后4周
温度(℃)	22	27	26	24	22

4)子猪的温度控制 母猪临产前,打开保温箱内红外线加热灯,使温度达到30~32℃(图5-5)。夏季一般产后5天去掉红外线加热灯,冬季为15天,加热灯具体去除时间根据产房温度和子猪体况调节。子猪加热灯的高度随子猪休息情况调节,如子猪全部远离加热灯休息,说明灯下过热,须把加热灯往上调节。产栏温度以子猪群居平侧卧但不扎堆、摞落为宜。加热灯选用200瓦灯泡,悬挂离地面40厘米高时,就可满足子猪对环境温度的需求。子猪生长的适宜温度:出生日龄1~7天,温度32~28℃;8~30天,温度28~25℃。

图5-5 子猪保温箱

5)环境控制 每天将胎衣、猪粪打扫一次,同时打扫干净产房。每次喂料前把母猪料槽清理干净,同时注意保持产栏的清洁、干燥和母猪乳头清洁卫生(图5-6)。根据舍内有害气体浓度,调整通风量的大小。每3天更换一次脚踏消毒盆,每周产房喷雾消毒一次,断奶后彻底清理产房后用高压冲洗机冲洗干净、用3%氢氧化钠液喷洒猪舍地板,1小时后冲净备用。

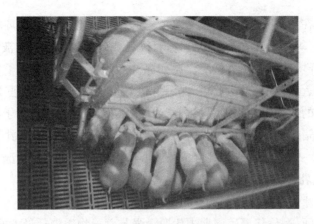

图 5 - 6　母猪体表清洁卫生

（2）分娩母猪的饲喂

1）饲喂原则及方法　因为临产母猪胃容量小，分娩期不能采食过多，产前 7～3 天应逐渐减料，但膘情差、乳房膨胀不明显的母猪不减料，只是分娩当时不喂料，分娩当天要赶起分娩母猪饮水。

2）饲喂量　见表 5 - 4。

表 5 - 4　分娩母猪喂量参考标准

天数	上午饲喂量	下午饲喂量
分娩前 2 天	1.0 千克	1.0 千克
分娩前 1 天	0.5 千克	0.5 千克
分娩日	0 千克	0.5 千克
分娩后 1 天	1 千克	1 千克
分娩后 2 天	2.5 千克	2.5 千克
分娩后 3 天	2～2.5 千克	2～2.5 千克

产后饲喂母猪哺乳全价饲料。由于母猪需要哺乳，应逐渐增加饲喂量。若饲喂时母猪不食，应清料，隔顿再喂，饲喂量减半。

三、哺乳母猪的饲养

哺乳母猪是猪场利润的核心，它的管理水平直接影响全场生产效益的高低。首先要考虑哺乳母猪的营养需要特点，提供优质足量的全价饲粮。其次要考虑的是环境控制，母猪和子猪体重、适应性有很大差异，对环境要求也有很大差异。在同一个大环境下,又要考虑为子猪创造良好的小环境,垫板、保温箱、保温灯等都是针对子猪而设置,管理者要确保这些设备能被子猪充分利用,发挥小环境的有效调节作用。比如保温灯需要安装在靠近子猪的保温箱或保温板附近,如果只是保温板,保温灯最好使用灯罩灯伞,有些国外猪场子猪活动部分的床面下使用循环热水管或地板钢筋外包硬塑进行子猪保温。为保证良好的猪舍环境,便于"全进全出"地管理,一个单元的哺乳母猪舍床位适宜安排20~28个,同时要结合猪场规模和生产节律的实际情况。

(一)哺乳母猪的饲喂

1. 饲喂原则及方法

哺乳期间,是母猪繁殖周期中代谢最强与营养物质消耗最大的时期,母猪不仅要满足自身的维持、生长需要,还要满足哺乳的需要,此时必须向哺乳母猪提供高质量、充足的日粮。一头母猪一窝带子8~12头,母猪泌乳阶段营养需要量大大超过妊娠阶段,母猪除维持自身需要外,每天产乳5~8千克(平均约为7千克),不同母猪泌乳能力因饲料质量、泌乳遗传、带子头数及母猪体况等差异而不同。断奶成活率、断奶窝重、断奶质量等主要依靠乳质,而乳质、乳量又取决于母猪采食饲料的情况,应通过各种管理技术尽量增加哺乳母猪的采食量。因此哺乳母猪的饲喂制度是自由采食,并通过增加饲喂次数(每天至少饲喂3次)、保证饲料新鲜来提高母猪的采食。

2. 饲喂量

哺乳母猪饲喂量见表5-5。

表5-5 哺乳母猪饲喂量参考标准

天数	上午饲喂量	下午饲喂量
分娩日	0千克	0.5千克
1天	1千克	1千克
2天	2.5千克	2.5千克
3天	2~2.5千克	2~2.5千克
3天至断奶	自由采食,每天添料至少3次	

产后母猪饲喂哺乳母猪全价料。由于需要哺乳,应逐渐增加饲喂量,如饲喂不食,清料,隔顿再喂,饲喂量减半。哺乳期间母猪可以不限饲,但第四周断奶前母猪体况最好控制在3分膘。膘情较好的母猪,断奶前4天饲喂量减至3千克,断奶后再优饲催情,以利于发情配种。

(二) 哺乳母猪的管理

产子前后母猪的乳房的护理。在产房工作时,必须从分娩最近的产房开始到产后较长的产房,进舍后首先建立第一反应。临产前 5~7 天转入产房适应环境,保持产房干燥、洁净的环境。产后强迫母猪站立、运动,站立吃料,恢复体况。注意保护母猪的乳头、乳房,头胎猪尤其重要,特别注意每个乳头的充分利用。采取人工辅助的方法,使母猪养成两侧躺卧的习惯,并给子猪固定乳头,以免影响乳房的发育。此外,对于产子少、膘情差、哺乳能力差、早产、头胎母猪,将母猪早断奶,子猪并窝,充分利用母猪的每个乳头。子猪寄养必须在出生 2 天内完成;每天必须检查母猪的有效乳头数,在饲养管理中适当调圈。

保证新鲜的饲料和饮水。每天喂料前要注意观察母猪膘情及料箱内有无剩料,在料箱前记录,清除剩料,哄起每头母猪吃料,观察母猪吃料情况,以便调整喂料量,避免造成饲料的浪费,对于过瘦的母猪要求勤添勤喂;清理子猪补料槽,适量添加补饲料。做好母猪断奶前后的管理,断奶后母猪的理想膘情为 3 分膘。对于断奶前膘情好的母猪应逐渐减料,防止乳腺炎的发生;断奶前 2 分膘母猪断奶前后不减料自由采食;3 分膘母猪断奶后进入正常饲养。这样,既可防止乳腺炎的发生,又可尽快复膘发情。3 分膘以下母猪断奶后不准配种,赶入后备区饲养,待膘情达到 3 分膘时再配种。饮水一定要充分,母猪泌乳期间需水量特别大,每天可达 32 升,只有保证足够的清洁饮水,泌乳才有保障。一般规模化猪场都设置乳头式饮水器,水质水量的保证在猪场建设之初就应该考虑好,水质量要根据化验报告处理。

勤于观察勤于记录,包括母猪采食、粪尿、精神和子猪状况,以便判断猪群健康状态。预防母猪应激综合征的发生,母猪应激综合征多发于每年炎热多雨的 7~9 月及后备母猪,经产母猪相对较轻。主要症状食欲不振、耳部苍白、磨牙、便秘呈羊粪蛋状。它主要由于怀孕后期妊娠负担加重,产伤刺激,天气闷热,发热性疾病等应激并导致胃溃疡发生。治疗:发热母猪,肌内注射安乃近 1 支加青霉素 160 万国际单位/次及链霉素 100 万国际单位/次,2 次/天;胃溃疡母猪口服西咪替丁 6 片/次,2 次/天,人工盐 20 克/天(注意饮水水质检测,水质硬的地下水对各阶段猪的胃溃疡发病影响较大)。对已患泌乳衰竭症的母猪,肌内注射氯前列烯醇 175 微克、催产素 30~50 国际单位,间隔 3~4 小时可重复一次。

(三) 断奶母猪及其他母猪的饲养管理

断奶母猪的膘情至关重要,要做好哺乳后期的饲养管理,使其断奶时保持较好的膘情。哺乳后期不要过多削减母猪喂料量;抓好子猪补饲、哺乳,减少母猪哺乳的营养消耗;适当提前断奶。断奶前后1周内适当减少哺乳次数,减少喂料量以防发生乳腺炎。有计划地淘汰7胎以上或生产性能低下的母猪,确定淘汰猪最好在母猪断奶时进行。母猪断奶后一般在3～10天开始发情,此时注意做好母猪的发情鉴定和公猪的试情工作。母猪发情稳定后才可配种,不要强配。断奶母猪喂后备种猪料,每天喂2次,每天喂2.5～3千克,推迟发情的断奶母猪优饲,每天喂3～4千克。

空怀母猪饲养管理参照断奶母猪的饲养管理。但对长期病弱,或3个发情期没有配上的,应及时淘汰。配种后21天左右用公猪对母猪做返情检查,以后每月做一次妊娠诊断。返情猪放在观察区,及时复配。空怀猪转入配种区要重新建立母猪卡。空怀母猪也喂后备种猪料,每头每天3千克左右,每天喂2次。

不发情母猪的饲养管理与空怀母猪相同,在管理上采取综合措施。对体况健康、正常的不发情母猪,可选用激素治疗。超过7月龄仍然不发情的后备母猪要集中饲养,每天放公猪进栏追逐10分,观察发情情况。超期2个月不发情的母猪应及时淘汰。不发情或屡配不孕的母猪可对症使用PG600、血促性素、绒促性素、排卵素、氯前列烯醇等外源性激素。

第二节 子猪的标准化饲养

一、哺乳子猪的饲养

哺乳子猪是从出生到断奶阶段的子猪,该阶段主要目标是:在正常的饲养条件下,子猪生长发育快、断奶体重大、整齐度好,21日龄体重6千克以上,35日龄体重10千克;健康活泼,成活率高,断奶成活率要求95%以上。

(一)产后子猪的处理

子猪出生后12～24小时内必须剪牙、断尾、补铁、补硒等,这些处理可以促进子猪健康生长和管理。

1. 断脐

子猪出生后,用手捏住小猪颈部,将脐带中的血液挤入子猪体内,在离腹部3～4厘米处将脐带剪断,并用碘酊消毒。也可以采用子猪自动脱落的方式,子猪出生6小时后,脐带自行脱落,弱子时间稍长,国外由于人工稀少工价昂贵而往往不实行人工断脐方法。

2. 断尾

可以一定程度地预防咬尾。用消毒的剪牙钳在距离尾根 2～3 厘米（公猪为阴囊上缘，母猪为阴门上缘）断尾，断端用碘酊消毒。

3. 剪犬齿

为预防子猪咬伤母猪乳头和同窝子猪撕咬损伤，通常用消毒的剪牙钳剪除犬齿的齿尖。每窝子猪中弱子剪犬齿时间可推后几天，增加弱子采食的竞争力。注意不要剪得过短，断面要平整。

4. 称重和编号

子猪出生擦干后，应马上进行称重（图 5－7），种猪场还需要对子猪进行编号，编号的常用方法有耳缺法（图 5－8）、刺号法和耳标号，做好个体称重及个体档案记录。

图 5－7　称量初生重

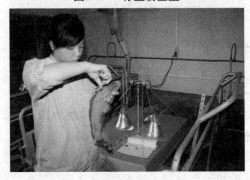

图 5－8　打耳缺

5. 补铁

用手捏住头部，在颈部肌内注射铁剂如富来血 1 毫升，7 天后再注射一次富来血(1毫升),以预防贫血,增加子猪活力。

6.去势

子猪出生3~7天后,将未被选留作为种用的公猪去势。可用手术刀片去势。去势时抓住一侧后腿,倒提使腹部朝外,用中指用力上顶睾丸,使睾丸突起,阴囊皮肤紧张。剪开每侧睾丸阴囊皮肤,开口适中,再用拇指和食指将睾丸挤出切口。睾丸挤出后向上牵拉摘除,同时尽可能除去所有疏松组织,创口用碘酊消毒。

(二)固定乳头

猪是早熟动物,有固定乳头的习性。子猪出生后即会自行寻找乳头,接触到众多乳头后,子猪将选择其中一个乳头进行成功吸吮。在之后的半小时之内,争夺乳头行为比较剧烈,在不加任何人为干预的情况下,初生重大的子猪往往占据前部及中部泌乳量较多的乳头,并可能同时占据2个以上乳头。而初生重小的子猪则只能被动地在泌乳量较少的后部乳头哺乳,由此将造成一窝子猪大小发育不均匀,甚至造成弱小子猪存活率下降。由于母猪每次放乳持续时间很短,15~18秒,初生前3天内,如果子猪连续几次抢不到乳头,吃不到母乳,就迅速表现为行动无力,继而昏睡、衰竭死亡,或被母猪压死。应该在子猪出生2~3天内固定好乳头。乳头固定过程见图5-9。

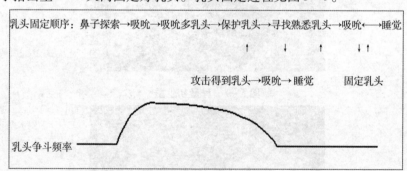

乳头固定顺序:鼻子探索→吸吮→吸吮多乳头→保护乳头→寻找熟悉乳头→吸吮←→睡觉

攻击得到乳头→吸吮→睡觉　　固定乳头

乳头争斗频率

图5-9　乳头固定经过示意图

此外,如果不加人为固定乳头,子猪由于养成抢占乳头的习惯,势必在每次放乳时吵闹不休,甚至咬乳头,造成母猪放乳的时间延迟、放乳持续时间缩短,使泌乳量下降,甚至因乳头受伤疼痛、放乳前期不安静等原因而停止放乳。而有几个空闲的乳头却因为没有子猪吃乳,在2天后萎缩,从根本上影响了本胎次的泌乳量。

那么,怎样来固定乳头呢?乳头固定完成的时间长短一般受初生重、带子数、乳头位置、母猪泌乳量等因素影响。一般初生重中等、均匀,带子数比乳头数少2~3头,而且母猪泌乳量高的一窝子猪固定乳头所需的时间性较短。而初生重大小不均匀,带子数多,母猪泌乳量少的一窝子猪固定乳头所需的时间性相对较长。

1. 强弱固定法

强弱固定法就是把初生重小、体质弱的子猪放在前部乳头,而把比较强壮的子猪放在后部乳头或前几胎由于未哺乳而乳腺未充分发育的乳头。这样做一方面可以使母猪乳腺得到良好发育(特别是初胎母猪),另一方面确保了整窝子猪均匀发育。

2. 大小控制法

大小控制法就是把初生重大的、强壮的子猪控制住,同时辅助初生重特别小的子猪,其余的子猪自由选择乳头。具体操作技巧如下:①出生后即可及时哺乳,先固定下排乳头,当下排乳头因腹部过大而不能上翻时,可用手将下排乳头附近皮肤向上托起,也可用特定的支架撑起,以便暴露下排乳头。②尽量让母猪每次躺下都保持同侧,以利于子猪尽快识别自己乳头的位置。③在每头子猪都有自己的乳头并能顺利吮乳后,把每头子猪按乳头号做好记号,以便在出错、争乳头时及时能予以纠正。④为防止强壮子猪争乳头,可用手拉住耳朵来固定,也可用手或挡板制止子猪抢占其他乳头。⑤检查每个乳头,注意瞎乳头的存在,千万不要把子猪固定于瞎乳头上。

(三)并窝或寄养

在生产实践中,经常会遇到母猪产子数超过或少于其有效乳头数,或母猪产后无奶、产后因病死亡等情况,从而降低子猪的成活率。这时就可通过并窝或寄养的方法加以解决。

并窝就是将带子少的几窝子猪并成一窝,由泌乳性能及母性较好的母猪哺乳;寄养是将一头母猪中多余的子猪或死亡母猪的子猪交由另一头母猪哺乳。

具体操作方法如下:①寄养或并窝的子猪之间日龄要尽量接近,一般不超过3天。②寄养的新生子猪必须吃到初乳,如果未吃足初乳而寄到分娩3天以后的母猪内,寄入的子猪成活率不高;即便存活下来,也将成为奶僵猪。③接收子猪的母猪要性情温驯,泌乳量高。④寄入的子猪要注意与原窝子猪气味相同,寄入前可将接收子猪的母猪的胎盘、乳汁或尿液涂在被寄子猪身上,也可与原窝子猪关在一起半小时以上,以相互染气,使母猪不易辨别。⑤最好在晚上寄养或并窝,并观察母猪的行为,避免发生咬子。寄入初期,子猪一般要经过一个寻母过程,5~15分以后会接近接收子猪的母猪,此时要注意固定乳头。

(四)子猪的防压防冻

从哺乳期子猪的死亡原因分析,子猪被母猪直接压死,或者因饥饿、寒冷影响,行动不灵活而被压死的比例占哺乳期死亡总数的30%~50%。原因主要有以下几个方面:①产房温度过低,当环境温度低于30℃时,子猪要通过消耗自身储备的营养来维持体温,特别对于那些初生重小、无力抢占乳头的子猪,常因饥寒交迫而行动迟缓,被母猪压死的概率很大。②母猪母性差,或初产母猪缺乏带子经验,子猪经常被踩死。③母猪体质弱、体形过肥过大或因蹄肢疾病,子猪被压后无法站立。④母猪泌乳量少,子猪饥饿而围着母猪转,增加了被踩压的机会。⑤栏舍面积过小、猪舍环境差、噪声大等原因会造成母猪烦躁不安,进而踩死子猪。⑥垫草过多过长,子猪常被缠住或钻在垫草内被母猪压死。

小 知 识

有效地减少受冻受压造成的子猪死亡的措施

1. 保持环境安静,避免惊动母猪。垫草宜短,不宜太厚。子猪初生前3天应值班看护,母猪起来吃料或大小便时,防止子猪被踩,母猪躺下前不准离人。

2. 采用高床分娩栏来饲养哺乳子猪,设置母猪限位栏。高床分娩栏采用钢架结构,中间是母猪位,下缘有护子架。母猪位两边是子猪哺乳及活动区,栏面采用铸铁或网床,距离地面30~50厘米。这种分娩栏干燥、清洁、管理方便,更重要的是由于母猪的活动受限,加上两边的护子架设计,使子猪被压死的概率大为减少。

3. 对地面栏圈,可在母猪睡觉地方的墙壁上,距地面高25~30厘米处安装活动的护子架,使母猪躺下时首先靠在护子架上,当母猪身躯滑过护子架而躺在地上时,下面的子猪可以有时间逃走。

4. 训练母子分开而睡。在栏圈内设一个80~120厘米的护子间,训练子猪睡在护子间,子猪7~10日龄后又可作为补料、进食间。在冬天,可用250瓦的红外线灯泡保温,高度可控制为离地面50厘米。护子间要求高燥、明亮,切忌阴暗,以免被子猪当成卫生间。一般在哺乳后,将子猪驱赶到护子栏2~4次,子猪即能自行走进护子栏睡觉,从而大大减少子猪被压的可能性。

(五)子猪的环境控制

良好的生存环境是保障子猪健康生长的基础,影响子猪生存环境的因素很多,主要有猪舍设备、环境温度、湿度、光照、通风等,母猪和子猪混饲在一起,往往对环境要求有矛盾,这就需要管理者需要单独为弱小的子猪群体创造一个良好而相对独立的小环境。

1. 猪舍设备

传统的哺乳栏采用砖头、混凝土为材料,栏舍面积一般为 9~12 米²,栏舍中设有子猪保温区,该保温区在子猪 7~10 日龄后还可同时作为引食补料间。这种栏舍投资成本小,但猪舍利用率小,劳动量大,子猪被压所致的死亡率高。现在许多规模猪场已大多采用高床哺乳栏(图 5-10),这种高床栏采用钢管骨架,床面用塑料或铸铁漏缝板,大小便通过漏缝落下床面,减少了污染。高床栏大大降低了子猪被压的可能,与传统哺乳栏相比,子猪育成率可以提高20%~30%。但是,高床哺乳栏的成本相对比较高。

图 5-10 高床哺乳栏

2. 温度

子猪对环境温度的要求比较敏感,要求保温室的温度在子猪 1~3 日龄时不低于30℃,4~7 日龄不低于28℃,15 日龄后不低于22℃。哺乳及采食区温度一般不低于20℃。

3. 湿度

在热舒适区,高湿度可提高空气尘埃的沉降率,减少舍内空气中带菌尘粒比率,从而可降低咳嗽和肺炎的发生率;在低温高湿环境中,猪的冷应激加剧,饲料转化效率下降,生长缓慢,易患肺炎、肠炎及关节炎等疾病;在低温低湿环境中,猪的皮肤和呼吸道黏膜表面蒸发量加大,使皮肤和黏膜干裂,对病原微生物的防卫能力减弱,易患皮肤病和各种呼吸道疾病;在高温高湿环境中,猪的蒸发散热受阻,使体内积热过多,因体温升高而导致中暑。一般来说,子猪最适宜的空气相对湿度为60%～70%,最高不超过85%,最低不低于40%。

4.光照

适宜的光照对子猪生理机能的调节、猪舍卫生都非常有利,使子猪保持体表温暖,有利于皮肤健康;并通过阳光中紫外线的照射,使皮肤内7－脱氢胆固醇变成维生素 D_3,以调节钙、磷代谢。同时,通过光照,可抑制部分病原微生物的生长繁殖,减少了疾病的发生。但子猪由于皮肤比较幼嫩,须防止过度暴晒,以免酌伤皮肤,甚至造成中暑。

5.通风

哺乳子猪对于通风量非常敏感,由于子猪体温调节能力弱,体表散热面积相对较大,微弱的风速即可使子猪体温明显下降。因此,对哺乳子猪来说,要保持气流的相对稳定,一般要求风速每秒不超过0.1米。

6.卫生

哺乳猪舍最好采用"全进全出",转走一批母猪或子猪之后,地面、栏杆、网床、墙壁、天花板及其空间要进行彻底的清洗、消毒。母猪产前进产房也须严格淋浴消毒,临产前用高锰酸钾溶液擦洗乳房和外阴。在饲养过程中,网床上的粪便要及时清扫,特别是出现腹泻下痢的网床,要特别注意消毒、清扫、干燥等,可以使用石灰等消毒干燥,保持干燥的方法是饮水器要调好、位置合理,哺乳猪舍尽量少冲洗。

(六)子猪补饲

子猪适宜在7～10日龄开始进行补饲,做好子猪的早期补料工作,可以促进子猪消化器官的发育和消化机能的完善,为子猪顺利断奶打好基础。如果补饲不好,子猪体质很差,哺乳期间往往容易腹泻或下痢,加上断奶应激,断奶后往往成为僵猪,所以认真细致地做好子猪补料工作对提高子猪哺乳期成活率及子猪体质有很重要意义。

1.补料训练,子猪补料可以分为调教期和适应期

调教期是指从开始训练到子猪自主认料,一般需要5～7天,即子猪7～15日龄。此时子猪的营养来源主要还是靠母乳,但子猪的消化器官也开始强烈发育,开始出牙,四处啃食。利用此时进行补料训练,能锻炼子猪的咀嚼和消化能力,促进胃酸分泌,防止子猪啃食脏物而下痢。

适应期过程中,子猪从开始认料到主动正式吃料,一般需要7天,此阶段子猪开始对植物性饲料有一定的消化能力。母猪乳汁分泌一般在子猪21日龄后开始下降,子猪的营养必须靠乳猪饲料来补充。

2. 补料方法

子猪的补饲饲料要求新鲜、适口、营养、易消化。在补饲颗粒饲料的同时,可以提供一些有机酸(比如柠檬酸、甲酸、乳酸等),以提高胃的酸度,促进饲料消化,还可以抑制部分有害微生物的繁衍,降低消化道疾病的发生。补饲时,每个哺乳床都必须设有补料栏,包括补料槽或盘和饮水器,补料槽或盘必须固定、位置合理,补料一般使用干料;饮水器的水管应和母猪的水流分开,便于子猪进行饮水保健。子猪的补饲,子猪出生7天后补饲优质全价膨化颗粒料;每天的补饲量依据采食状况添加,开始时每天2次,每次每窝一小把,3周以后每天补饲2~3次。补料槽必须及时清理,保证饲料的新鲜度。子猪补饲过量时易拉稀(白色糊状稀),它主要由于子猪更换饲料造成,此时注意降低补饲水平、减少喂料量。子猪出生28天左右断奶,断奶前训练子猪多采食饲料,断奶时如发现体重较小的弱仔,可让另一头母猪再哺乳1周后断奶。

(七)子猪补铁

哺乳子猪生后2~3天要补铁,以防止子猪缺铁性贫血的发生。新生子猪体内的铁贮量很少,而母乳中铁的含量不能满足子猪的需要,子猪容易得缺铁性贫血,表现为皮肤苍白、被毛粗乱、生长不良,甚至呼吸困难,突然死亡,因此必须要给子猪进行额外的补铁。铁是子猪体内血红蛋白、肌红蛋白、铁蛋白及含铁酶类的重要组成成分,初生子猪体内铁的总储存量为50毫克,正常情况下,子猪每天生长需铁量是7~10毫克,3周龄开始吃料之前共需铁量为200毫克。而在母乳中,100克乳中仅含铁0.2毫克,仅能满足子猪日需要量的10%~15%,因此必须通过补铁来满足子猪对铁的需求。具体方法如下:

1. 注射补铁

目前市场上常见的补铁注射液有广西的牲血素、富铁力,沈阳的丰血宝,进口的血多素、富来血等。其主要成分一般是右旋糖酐铁,子猪容易吸收。一般在2~3日龄每头肌内注射1毫升(含铁量150毫克),必要时在10~15日龄时再肌内注射1次。

2. 口服补铁

用硫酸亚铁片剂,每头子猪每天1片(每片0.3毫克),连喂3~4天;或将2.5克硫酸亚铁与1克硫酸铜溶于1 000毫升水中,过滤后,每头子猪每天灌服10~15毫升。

3.矿物质舐剂法

将骨粉、食盐、木炭末、新鲜红土及铜铁合剂混合,制成舐剂。从3日龄开始将舐剂放在补饲槽内任子猪自由采食。

4.红壤土饲喂法

取地下深层的红壤土,让子猪自由采食。红壤土含有多种微量元素,特别是含铁量较为丰富,是良好的补铁剂,但要注意保持土质新鲜。

二、断奶子猪的饲养

(一)断奶子猪的营养要求及饲料配制

1.断奶子猪的营养需要

对于5~10千克体重的断奶子猪,日粮中蛋白质含量应达20%。子猪饲喂低蛋白含量的日粮将明显降低生长速度。每克蛋白质要搭配一定量的能量,以便在生长过程中能够最有效地利用蛋白。如果在日粮中与能量相比蛋白的含量太多,将会造成蛋白质的浪费,其原因是蛋白质无法有效利用。所以,在配制子猪日粮时,应注意能量和蛋白之间的比例。

2.饲料配制

饲喂断奶子猪的大多数日粮有脱脂粉、乳清蛋白精料、鱼粉、喷雾干燥猪血粉、豆粕以及进一步加工的豆制品等。子猪日粮在配制时应掌握以下原则:①饲料必须根据猪的生长需要和生产阶段配合。②饲料配合要多样化,以发挥营养互补作用。③要因地制宜,尽量使用本地饲料以降低饲养成本。④必须考虑饲料品质,配制的饲料适口性要好。⑤含有有毒成分的饲料在配合料中的比例不宜过大。⑥微量元素、药物添加剂应按说明添加,并一定要搅拌均匀,防止中毒。⑦小猪的配合饲料除饲料品质、适口性好外,粗纤维含量一定要少(但粗纤维含量不可太少)。例如在体重8千克以前,子猪的日粮中应不少于20%的乳制品和部分鱼粉;而8千克以后,则可以不含乳产品。子猪日粮中可含有最高为6%~8%的脂肪,同时也相应增加蛋白质、赖氨酸、维生素和矿物质含量。

此外,在配制子猪日粮时,还应认识到日粮的矿物元素的含量的重要性。日粮中最需要的矿物元素是钙、磷、钠、氯、锌、碘、铁、铜、硒等。不同的矿物元素具有不同的重要功能。如钙、磷是猪体内骨骼和牙齿的主要组成成分,并参与肌肉、神经组织的正常活动,在维持酸碱平衡,构成核酸、磷脂及其他辅酶方面起重要作用,缺少钙、磷则可使子猪患佝偻病、软骨病等疾病;锌是机体内一些酶的组成成分,锌缺乏时可导致子猪皮肤角化不全,生长缓慢;碘是机体内甲状腺素的组成成分,子猪缺乏碘时,甲状腺肿大,生长不良;铜是机体内许多酶的组成成分或活性中心,缺铜时将出现贫血、毛褪色、关节肿大、骨质疏松等症状。瘦肉型断奶子猪饲料配方情况见表5-6。

表5-6 瘦肉型断奶子猪饲料配方

	子猪料1	子猪料2	子猪料3
适用阶段	10千克以上	10千克以上	10千克以上
玉米(蛋白质8% 水分<13%)	644.80	628.80	618.40
豆粕(蛋白质43%)	160.00	140.00	140.00
鱼粉(蛋白质65%)(水产用)	25.00		
膨化大豆(蛋白质36%/粗脂肪17%)	140.00	140.00	140.00
大豆浓缩蛋白(蛋白质65%)		40.00	
发酵豆粕(蛋白质50%)			50.00
白糖		20.00	20.00
有机酸钙	6.00	6.00	6.00
复合酸化剂	8.00	8.00	8.00
磷酸氢钙	13.00	13.50	13.50
罗氏多维436	0.40	0.40	0.40
微量矿物元素	1.50	1.50	1.50
赖氨酸盐酸盐	3.00	3.00	3.20
蛋氨酸	0.80	0.80	1.00
苏氨酸	0.50	0.50	0.50
总计	1 000.00	1 000.00	1 000.00

(二)断奶子猪饲养管理

1.原圈培养

原圈培养就是在子猪断奶时,将母猪赶走,留下子猪在原圈饲养(图5-11)。这样的方法可以让子猪断奶后有一个相对稳定的环境,如原栏环境、饲料、饲养员及同栏个体等都未改变,从而大大减少了断奶子猪的应激反应。通过原圈培养,不仅可提高子猪断奶成活率10%～20%,还能保持其良好的增重速度。

图5－11　子猪原圈培养

2.高床培养

在规模化养猪场,子猪断奶后转入高床饲养的保育舍饲养。高床培养使用铸铁或塑料漏缝板作为床面,使子猪与地面脱离,粪便和尿液通过缝隙落到地面,改善了子猪生活的卫生环境,可减少腹泻的发生。高床示意图如图5－12。

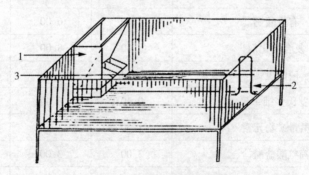

图5－12　断奶子猪培育网床
1. 补饲槽　2. 饮水器　3. 栅栏

说明:高床是用直径6.5厘米的圆钢筋焊接而成。床面缝隙1.0～1.2厘米,高床长240厘米,宽165厘米,围栏高55厘米,床面离地面高度30～40厘米。每个高床栏内有一个自动采食料槽和两个乳头式饮水器。一个高床栏内可以饲养断奶子猪10～15头。

3.饲料及饲养方法

子猪断奶后1～2周一般饲喂与断奶前相同的饲料,要求日粮粗蛋白质达到20%~22%,消化能13~14兆焦/千克。2月龄后蛋白质水平可以降到18%。整个保育期自由采食和饮水,直到25~30千克时离开保育舍进入生长肥育舍。

另外,搞好环境卫生,及时清除猪粪并清洗栏舍,同时做好保温防湿工作。做好免疫接种工作,断奶后小猪体内的母源抗体逐渐消失,自身的免疫机制开始起动。此时进行免疫注射极为必要,有条件的可先进行免疫检测,再根据猪场实际制定合理的免疫程序。

(三)断奶子猪环境控制

舒适的生存环境是保障子猪健康成长的基础,影响子猪生存环境的因素很多,但主要有以下几个方面:

1. 温度

刚断奶的子猪对寒冷非常敏感。体重越小,身体的散热面积相对越大,3周龄子猪的体表面积要比4周龄子猪大10%,比5周龄子猪大20%。当规模猪场由于断奶时的并栏,前2天受打架等因素影响,子猪身体活动量加大,能量消耗增加,加上采食量下降,就会出现生长停滞,对温度的要求更敏感。子猪日龄越小,需要温度越高、越稳定。一般刚断奶时温度要求在28℃左右,以后每周降低2℃,直到8周龄时温度达到20℃左右。要注意这个降温过程逐渐进行,不要在一天内温度变化超出2℃,否则将会造成腹泻进而影响生产性能。

另外,不同的地面可以影响子猪实际感觉到的温度,5~10厘米厚的稻草地面可增加3~4℃,水泥地面可降低3~5℃,湿水泥地面可降低10℃。

2. 通风

对子猪必须尽可能保持气流的稳定。每秒0.2米的气流可被人所觉察,舍温可下降3℃左右,子猪可以感觉到寒冷。每秒0.5米的贼风,可相当于降低舍温7℃。受贼风影响的子猪,其生长速度和饲料报酬显著下降。

3. 饮水

活重为15~40千克的猪每天至少需要饮水2升。每6~8头猪需要一个乳头式饮水器,每圈应该有2个乳头式饮水器,相距50厘米左右。水的流速应为每分250毫升。

4. 饲养密度

饲养密度以单位栏舍面积的饲养头数或平均每头占有面积来表示。饲养密度越大,猪呼吸排出的水汽量越多,粪尿量越大,舍内湿度也越高。同时,舍内有害气体、微生物、尘埃量增多,空气卫生状况恶化。而且饲养密度过大,造成猪的活动时间明显增多,休息时间减少,栏内卫生变差,饲料采食量将减少,猪的争斗行为也随之增加,个体间的增重差异加大,从而影响生产性能。在夏季高温期,密度过大使舍温增高,加剧热应激的危害;在寒冷季节,可适当提高饲养密度,以利于保持猪体间的温度。一般来说,适当提高饲养密度在生产上可以提高经济效益,但必须控制在不影响个体生产性能的限度内,并要根据猪栏结构、栏位大小、猪群整齐度及不同季节等因素进行适时的调整。一般对于全漏缝地面,5～10千克体重的子猪每头面积为0.18～0.22米^2,12～30千克体重每头面积为0.28～0.35米^2。一般每栏猪的数量以10～12头为宜,最多不超过15头(图5－13)。

图5－13　子猪饲养密度

5. 湿度

　　湿度对子猪的影响非常显著,特别是在适宜的温度范围外,高湿度使各种病原微生物大量繁殖,很容易发生子猪腹泻、皮肤病、关节炎等疾病。据报道,下雨天,空气中的相对湿度比晴天提高20%,子猪腹泻的发病率增加1～8倍。子猪舍中,应将相对湿度控制在60%～70%。雨天湿度过大时,可关闭门窗,并在舍内放置生石灰,以有效降低湿度。

　　在生产实践中,可以根据子猪的一些行为特征来判断生存环境是否舒适。新转到一个猪栏的子猪,一般经过0.5～1小时可选择躺卧之所,然后选择离躺卧地尽可能远的地方来排粪排尿。环境舒适时,以后就形成了良好的习惯,起居有规律,睡觉平卧、不打堆。而环境不适时,子猪排泄无规律,身体不洁,好动不安,或集结、打堆。因此,排泄和集群行为是猪感觉舒适与否的标志。

（四）减少断奶子猪的腹泻

1. 断奶子猪腹泻发生原因

断奶子猪腹泻发生原因主要有：消化器官功能不发达，消化酶活性降低，免疫功能不健全，断奶应激，病原微生物的感染。根据发生原因不同又可将断奶子猪腹泻分为：消化不良性腹泻、细菌性腹泻、病毒性腹泻、霉菌性腹泻、原虫性腹泻、寄生虫性腹泻及环境性腹泻等。

消化不良性腹泻常与子猪胃肠道消化机能不强及饲料成分对子猪的可消化程度有关。而病原微生物引起的腹泻与环境条件和卫生状况不良有关，导致了大肠杆菌、沙门杆菌、轮状病毒、冠状病毒等病原微生物的大量繁殖，其中最主要也是最常见的是大肠杆菌性腹泻，大部分的腹泻猪小肠中都有某种特定的大肠杆菌数量的增加。断奶时日粮和环境的突然变化，也常常影响子猪的采食量，开始时采食量减少，饿到一定程度又过量采食。消化系统无法适应大量食入的饲料，导致腹泻。

2. 防止断奶子猪腹泻的方法

从 7～10 日龄即开始引食，尽早锻炼胃肠道，是减少子猪断奶后消化不良性腹泻极其重要的手段。大量试验表明，断奶前采食量越多，断奶后腹泻的发生率就越小。

断奶前 2 天要准确测出整窝子猪一天的采食量，在断奶后的 3 天内一般保持这个数量，第四天以后开始逐渐过渡到自由采食。不要在断奶后用减少饲料来限制采食，虽然限制采食可以降低腹泻的发生率和严重程度，但限制饲喂比腹泻本身的刺激更大。在实际工作中，只有发生持续性腹泻才考虑限制采食，等到症状改善后尽快进入自由采食状态。

在断奶后两周内饲喂消化率高、与哺乳时相同的新鲜优质饲料，及在日粮中使用添加剂可以明显地降低腹泻频率。已有众多研究表明，中草药添加剂和益生素添加剂对于断奶子猪腹泻具有良好的防治作用。

搞好栏舍环境卫生，每周定期进行 1 次消毒。带猪消毒可用氯制剂、季铵盐类消毒剂，工具、道路等可用酚、碘制剂。消毒时要仔细阅读消毒药的使用方法和注意事项，特别要注意消毒液的浓度，而且栏舍要清洗干净，做到彻底消毒。

定期驱虫。在断奶后 15 天进行 1 次预防性驱虫，药物可选取左旋咪唑、伊维菌素等。

给断奶子猪创造适宜的环境。要求子猪舍内温暖、清洁、干燥，水泥地面的子猪栏要加入垫草,漏缝地面要防止床面下的过堂风,以确保子猪腹部不受凉。

第三节 生长育肥猪标准化饲养

一、生长育肥猪的饲养

生长肥育猪的饲养是养猪利润体现的最大环节,该阶段猪生长速度快、耗料大,饲料消耗占全场饲料耗料的75%。要获得合理的利润,该阶段的猪的生长性能、健康水平和饲料效率十分关键。

(一)阶段饲喂技术

生长育肥猪的肥育方式有两种:阶段肥育法(又称吊架子肥育法)和直线催肥法。

1. 阶段育肥法(吊架子育肥法)

吊架子肥育法是传统的土种猪饲养方式。现只用于特定地区的小规模生态养猪模式。吊架子肥育在饲养上一般采用"三阶段",要特别注意"两个过渡"期的饲养管理,即小猪进入架子猪阶段和架子猪进入催肥猪阶段。主要在于防止因突然增减精、青、粗料喂量而引起猪的消化不良、食欲下降和影响增重。

小猪阶段(架子前期):从断奶体重12~15千克开始一直到25千克,小猪生长较快,对营养要求高。应加强调教,精心管理。在饲料搭配上要配较多富含蛋白质的饲料,选用幼嫩的青绿多汁饲料,补给适量的食盐和无机盐饲料。尤其要注意随日龄和体重的增长青饲料由少到多逐渐增加,精饲料由多到少逐渐减少,锻炼对青饲料、粗饲料的适应能力,向架子期过渡,此阶段为2个月左右,小猪的日增重应保持在300克左右。

架子猪阶段:25~60千克,饲养4~5个月,主要是骨骼进一步发育,身体长高长长,猪看起来比较瘦,但有一副架子。该阶段的饲喂要以青、粗饲料为主,饲料的添加量要看青粗饲料的质量而定。如青、粗饲料品质优良,可尽量少搭配精料,但不能不搭配精饲料,以免架子猪阶段拖得过长,影响猪的增重和后期肥育。在架子猪阶段后期,精料要逐渐增加,向催肥期过渡。此阶段为4~5个月或6~8个月,日增重一般为200克左右。

催肥阶段:体重达60千克以后,催肥饲养2个月,饲喂日粮精料比例加大,营养浓度明显提高,肌肉快速丰满、脂肪迅速沉积,增重加快。该阶段开始时,日粮仍以青、粗饲料为主,逐渐增加能量饲料,如玉米、细米糠、薯类等;到肥育后期应增加精饲料用量,以利于脂肪的沉积,使猪尽快肥育。该阶段猪的日增重500克左右。

2. 直线育肥法

现代规模化、集约化养猪一般采用直线育肥法。小猪从出生到断奶、保育、生长期及肥育期,一直保持高水平的营养,日粮全部使用全价配合饲料,几乎不使用青粗饲料等,猪自由采食。这种方法的饲料配制和饲喂措施紧紧抓住猪的生长发育规律,充分发挥猪的生长性能,猪生长速度快、育肥期短、饲料转化效率高、猪屠宰瘦肉率高,大大提高了规模化养猪的效率和效益。直线育肥法适用于瘦肉型猪及其杂交的杂种猪生产,一般适合洋品种或土洋杂等瘦肉型猪的饲养。要想达到快速肥育,应从断乳到肥育末期按猪生长发育不同阶段的营养需要供给丰富的营养物质,使之得到充分生长发育,以获得较高的日增重,缩短肥育期。这种饲喂方式适合于规模化、集约化生产商品猪场。在饲养管理方面应做好以下几点:提高子猪的出生重和断奶重,关键是要加强母猪怀孕后期的饲养和哺乳母猪的饲养管理,同时要尽早训练小猪吃食,可从1周龄左右的小猪开始,以弥补母乳营养物质的不足;养好断乳后的小猪(保育阶段到生长早期),小猪从断乳到体重40千克左右,是肥育猪能否快速肥育的关键时期,为减少该阶段猪的应激可采取原圈培育或在较高饲养水平下网间饲养培育;生长肥育阶段要饲喂能满足生长猪不同阶段所需的配合日粮。

(二)饲养管理

1. 生长肥育舍进猪前准备

进猪之前对栏舍及栏舍周围进行清理,并进行全面消毒。清洁、消毒和空栏的程序要合理,保证达到清洁消毒的效果。首先打扫卫生、清理杂物,再用清水冲洗,并等待干燥;第二步就可以用消毒液(如2%～3%氢氧化钠)进行消毒;第三步,等待消毒液晾干后再用清水冲洗;第四步,进行第二次消毒(熏蒸消毒、火焰消毒或使用其他种类消毒液);最后空栏,不少于3天。

2. 生长肥育舍进猪后的调教

转入猪群按强弱、大小合理分群,每栏猪的数量根据季节温度、栏舍大小和饲养密度要求确定。初次分群由于猪比较小,每栏多放2～5头小猪,每100头猪左右空置1～2个栏,以备30天、60天调整猪群时使用。分群时大猪放在靠近猪舍门的猪栏,其他依次放置。

进猪后的头 3 天要对小猪进行调教,使猪采食定时定量定餐,并形成良好的三定位习惯:定点采食、定点拉粪、定点睡觉。根据实际情况,可以在饲料或饮水中添加防应激药物。从第四天起,每天喂 3 餐(早 7 点、中 12 点、晚 5 点),逐渐增加喂料量,直至自由采食,即每次吃料后料槽内都要剩余一点饲料,每天应有 1~2 次 1 小时左右的空槽时间。

3. 生长肥育期各阶段的管理

冬春季温度低于 20°C 时每周对全群带猪消毒 1 次(中、大猪两次),夏秋季每周对全群带猪消毒两次,每周换 1 次消毒药。喷洒消毒水时要以全部地面湿润为准,消毒后将猪栏打扫干净。视猪群体表寄生虫发病情况,对猪身喷洒敌百虫及其他驱虫药,敌百虫使用浓度一般为 1%~2%。

进猪后 12~15 天进行体内外驱虫。从进猪第二十天起要加强观察,出现大小不均时,要及时对猪群进行再次分栏,将每栏较小的猪合并到预留的空栏内;视情况对这部分小猪可适当延长小猪料使用时间,或添加多维等营养物。进子猪 30 天后,根据饲料消耗情况,及时做好小猪料转换为中猪料的换料工作,一般每头小猪累计给喂小猪料 40~50 千克。为减少换料腹泻等应激,一般采用逐步过渡的方法,换料过渡期为 4~7 天,在小猪料中逐天增加中猪料,4~7 天后全部过渡为中猪料,视情况在混合料中添加维生素或药物以防止腹泻或其他应激。42 天左右,根据猪群健康情况,在猪群饮水或饲料中添加几天抗生素,以预防疾病发生。60 天左右,根据饲料消耗情况,及时将中猪料转换为大猪料(一般每头中猪累计消耗中猪料 50~60 千克,累计消耗大猪料 90~110 千克);为减少换料腹泻等应激,换料过渡期 4~7 天,在中猪料中逐天增加大猪料,4~7 天后全部换为大猪料,视情况添加适当药物以防止腹泻。70 天左右,根据猪群健康情况,适当在猪群饮水或饲料中添加几天抗生素,以预防疾病发生。经过 95~105 天的肥育期饲养,猪体重可以达到 95~105 千克,做好猪上市的准备,猪上市当天可以不喂或少喂,给足饮水。

(三)环境管理

1. 首先做好防寒保暖或防暑降温工作

在冷的条件下,猪舍必须要很好地封闭和加热,冬季北方密封式猪舍使用墙体保暖、南方开放式猪舍多使用帐幕,此外还可以使用电或煤取暖,冬季保持栏舍干燥也非常重要。在热的气温条件下,猪舍需要采取喷雾、吹风或者使用降温系统等措施来改善环境,通过空气更新和增加气流速度来给予猪舒适的感觉。

生长育肥猪舍栏舍环境情况见表5-7。

表5-7　生长肥育猪舍栏舍环境

	饲养密度	栏舍面积	空气更新	温度
全漏缝地板	0.8~0.9 米²/头	12~20 米²	8~18 米³/(时·头)	23~20℃
部分漏缝地板	0.9~1.1 米²/头	12~20 米²	25~60 米³/(时·头)	20~17℃
垫草	1.1~1.3 米²/头	10~16 米²	20~50 米³/(时·头)	16℃
水泥无漏缝地面	1.3~1.5 米²/头	12~20 米²	25~68 米³/(时·头)	18~25℃

　　猪舍环境温度、气流速度、地面干燥或潮湿情况对猪的舒适感觉影响很大。无应激热中性温度的条件是:水泥无漏缝地面温度18℃,气流速度为0.2米/秒和地面干燥,猪感觉舒适。即使温度不变,其他条件的变化也会引起猪感觉舒适度的变化,如当气流增加0.1 米³/秒,相当温度下降1℃,当使用全漏缝地板相当温度下降7℃,当地面潮湿相当温度下降7℃。

　　2. 维持健康的空气质量,保证猪新鲜、无污染的氧气来源

　　要保持最佳环境条件,空气必须要不断地更新以带来生物代谢必需的氧气。空气流通差将导致空气水分增加,从而引起地面潮湿、细菌繁殖,室内有害气体如氨气、二氧化碳等气体浓度增加,这些有害气体往往能引起呼吸道疾病。

　　灰尘多少同气流更新速度、湿度和饲料状态相关,灰尘过多会导致一些疾病,增加环境细菌浓度,增加对呼吸道的刺激强度。猪舍气体、湿度及灰尘要求情况见表5-8。

表5-8　生长肥育猪舍气体、湿度及灰尘要求

	可以耐受的条件	危险条件
氨气	0.05%~0.1%	>0.15%
二氧化碳	0.3%	>0.5%
硫化氢	0.002%~0.004%	>0.005%
相对湿度	60%~80%	—
灰尘	1~7 毫克/米³	>10 毫克/米³

　　3. 要搞好饲养环境的清洁卫生和消毒工作

　　每天清粪两次,保持干净,夏天每天冲栏1次,冬天每周冲栏1次。生长

肥育猪舍进猪后的头 3 天要对小猪进行定位调教:定时定量定餐,定点采食、定点拉粪、定点睡觉。定点拉粪调教的主要方法是:进猪时将猪栏的一个角落淋湿,引导小猪到那里拉粪、拉尿,及时清理非拉粪点的粪便至拉粪点,发现小猪在睡觉的地方拉粪、拉尿,要及时驱赶。进猪 1 周后,冬春季温度低于 20℃ 时仅在周三对全群带猪消毒一次(中、大猪两次),夏秋季在周二、周五对全群带猪消毒,每周换一次消毒药。喷洒消毒水时要以全部地面湿润为准,消毒后将猪栏打扫干净。视猪群体表寄生虫发病情况,定期对猪身喷洒敌百虫及其他驱虫药,根据病情,敌百虫使用浓度为 1% ~ 2%。进猪 15 天后进行体内外驱虫。肉猪上市时也要做好卫生和消毒工作。

4. 栏舍大小及饲养密度

饲养密度是指猪舍内的密集程度,一般用每头猪占用的面积来表示。前面谈到,饲养密度会影响猪的感觉温度,不仅如此,饲养密度也影响猪的采食、生长、饲料利用及疾病发生率等。在密闭猪舍,饲养密度的大小直接影响着猪舍的空气卫生状况:饲养密度越大,猪散发的热量越多,舍内的气温越高、湿度越大,灰尘、微生物、有害气体的含量增高,噪声强度加大,会影响到猪的采食量、日增重和抵抗力。根据不同的气候特点、育肥栏舍设计、地方类型、饲料质量、疾病状况及环境设施等情况,确定合理的猪饲养密度。一般每头 1.2 米^2,每群以 10 ~ 15 头为宜,冬季可适当提高饲养密度,夏季可适当降低饲养密度。

猪的不同饲养阶段,所适应的饲养密度不同。一般比较舒适而又经济的饲养密度为:体重 15 ~ 30 千克达到 0.8 ~ 1.0 米^2/头就可以了,体重 30 ~ 60 千克则需要 1.0 ~ 1.3 米^2/头,体重 60 ~ 90 千克的育肥阶段需要更大的饲养空间(1.3 ~ 1.5 米^2/头)。不同季节饲养密度应该不同,冬季 1.1 ~ 1.2 米^2/头,夏季 1.3 ~ 1.5 米^2/头;饲养密度又和栏舍的大小有关系,栏舍设计越大饲养密度也可以适当增大,如 12 米^2 的栏舍适宜饲养肥育猪 9 头,而 18 米^2 的栏舍可以饲养育肥猪 13 ~ 15 头。一般大的栏舍长宽一定要合理,一般宽和深的比例适宜为 3:5。

(四)药物预防和疫苗免疫

猪群保健与疫苗免疫是养猪生产的关键之一。疾病,尤其是传染病、寄生虫病的发生和发展与猪的健康水平有很大关系,好的疫苗只有与良好的饲养管理条件相结合时才能产生较好的免疫应答反应。为了预防猪的疫病,保护猪群正常生产,提高养猪的经济效益,猪群不仅要科学的饲养管理、坚持自繁自养,还需要制定严格合理的防疫制度,定期清洗消毒、注意监测疫情,及时发现疫病,严格执行消毒制度,定期进行保健、驱虫及免疫。

1. 药物预防

药物预防是猪群保健的一项重要技术措施,适量在饲料中添加一些抗生素、中草药等,可以达到抗病目的,有时对提高饲料转化效率和猪增重也有一定的意义。考虑到某些药物使用后会产生消极后果,因此应慎重选择和使用,应严格按国家规定的药物使用原则、范围和剂量进行。为有效控制疾病,实施药物净化,对药物使用应采用脉冲式投药方式。驱虫是预防和治疗寄生虫病、消灭病原寄生虫,减少或预防病原扩散的有效措施。视猪群体表寄生虫发病情况,定期对猪身喷洒敌百虫及其他驱虫药。驱虫前最好进行粪便虫、卵检查,摸清猪体内的寄生虫种类及其严重程度,以便有效地选择驱虫药。选择驱虫药的原则是:高效、低毒、广谱、低残留、价廉。常用的驱虫药有:伊维菌素、阿维菌素、左旋咪唑、丙硫苯咪唑、精制敌百虫等。驱虫后排出的粪便和虫体应集中妥善处理,防止散布病原。

2. 免疫接种

我们知道,传染病的发生、发展和流行需要 3 个条件,即传染源、传播途径和易感动物。只要我们切断其中任何一个条件,传染将不可能发生。结合我国的实际情况,比较可行的是使易感猪变成不易感猪,即给猪注射有效的疫苗。肉猪苗在进生长舍第一周,小猪料转中猪料、中猪料转大猪料及做疫苗注射前,正确使用抗应激及防感染药物。推荐使用的几种疫苗是:猪瘟兔化毒活疫苗、猪丹毒活疫苗、猪肺疫活疫苗、子猪副伤寒活疫苗、猪喘气病活疫苗、猪口蹄疫油乳剂灭活疫苗。使用疫苗时,一定要仔细阅读说明书,并注意疫苗的有效期、保存条件和注意事项等,禁止使用来源不明、有效成分及含量不清楚的药物疫苗。此外,生长肥育猪的免疫程序及疫苗选择,应根据当地疫情和猪群实际情况确定,如南方某商品猪场生长舍肥育猪的免疫程序为:第一次免疫,进猪 10 天,口蹄疫苗,每头猪 2 毫升;第二次免疫,进猪 20 天,猪瘟苗,每头猪 4 头份;第三次免疫,进猪 35 天,肺疫苗,每头猪 4 头份;第四次免疫,进猪 50 天,口蹄疫苗,每头猪 3 毫升。

（五）适时出栏

肉猪最佳出栏活重的确定,要结合增重、饲料转化率、肉猪售价、饲养费、饲养分担费用进行综合经济分析。我国猪种类型和经济杂交组合较多,各地饲养条件差别也大,肉猪的最佳出栏活重是不能一样的。品种和肥育类型、饲养条件、肥育方式不同,适宜的屠宰体重也不同。根据各地近期研究成果与推广应用的总结,地方猪中较早熟体型矮小的猪及其杂种肉猪出栏重约为70千克;体形中等的地方种及其杂种肉猪出栏重为75～80千克;我国培育猪和某些地方猪种为母本国外瘦肉型品种猪为父本的二元杂种猪,最佳出栏活重为85～95千克;用两个瘦肉型品种猪为母本的三元杂种猪肉猪出栏活重应为95～105千克;以两个瘦肉型品种猪为母本,两个瘦肉型品种猪为父本的四元杂肉猪出栏活重为105～114千克。另外,具体上市体重也要结合市场形势,市场肉猪价格好时尽量要卖大猪,价格低迷时应提前上市,力求经济效益最大化。

肥育猪何时出栏或屠宰,也取决于消费者对猪肉品质的要求。适宜的屠宰体重,应是产肉量高,胴体品质好(即瘦肉多、脂肪少),饲养成本合理、利润最高。猪在生长发育过程中,骨骼、肌肉、脂肪的发育和生长强度不平衡,有先有后。在生长前中期,主要是骨骼和肌肉的生长和发育。在胴体中,含蛋白质和水分较多,脂肪含量少;但随着年龄和体重的增长,水分减少,而脂肪含量逐渐增加;越到后期则脂肪沉积越多,胴体越肥,相对瘦肉率越低。因此,猪达到成熟期就应屠宰,这样既经济又能获得良好的胴体品质。猪不同体重屠宰时,胴体瘦肉、肥肉的绝对量和相对量是不一样的。从表5-9可以看出,随体重的增长,屠宰率、瘦肉、肥肉的绝对量增多,瘦肉的相对量减少,而肥肉的相对量则增加。

表5-9　地方品种肉猪不同体重屠宰比较

项目	数据			
屠前重(千克)	35.4	80.7	103.0	124.3
屠宰率(%)	65.38	72.47	80.6	77.74
分割瘦肉(千克)	10.80	24.29	29.79	34.20
占胴体的(%)	46.80	41.50	37.90	35.40
分割肥肉(千克)	5.80	23.30	435.11	46.08
占胴体的(%)	25.10	40.00	44.70	47.70

随体重的增长,屠宰率随之提高,膘厚也增加,而瘦肉率则下降,特别是80千克体重以后更加明显。如果仅从提高瘦肉率的角度考虑,屠宰体重可以适当提前。

在生产中,不能仅以瘦肉率来确定屠宰体重,往往还要从增重速度、饲料报酬、屠宰率和胴体品质等综合指标来考虑。也就是说,最适宜的屠宰体重,要权衡总的经济效益。体重越小,饲料转化效率越高。随着体重的增长,饲料消耗相应增多。在 15~65 克时,随体重的增加而提高;65~95 千克时,不是随体重的增加而提高,而是停在一定水平上;如果继续养下去,日增重则下降,脂肪相应大量沉积,胴体越来越肥,饲料转化率越来越低。体重、增重速度、饲料报酬三者的关系见表 5-10。

表 5-10　瘦肉型育肥猪不同体重与增重速度、饲料报酬的关系

体重(千克)	日增重(克)	日耗料(千克/头)	饲料转化效率
15.0	450	1.00	2.22
22.0	550	1.27	2.31
45.0	800	1.92	2.40
65.0	900	2.25	2.50
90.0	1 000	2.60	2.60
110.0	1 000	2.80	2.80

二、提高饲料利用率的措施

(一)科学配制饲料

根据生长猪不同的年龄、体重生长阶段科学配制日粮营养水平,可以提高饲料的转化效率。营养不平衡造成营养物质的消化吸收降低,影响猪的生长发育。应用理想蛋白模式平衡氨基酸技术配制日粮,可以减少蛋白质饲料的浪费。

(二)改进饲料加工方法

由于饲料加工方法不当,往往会造成营养损失,降低畜禽对饲料的利用率。如在豆类饲料中,含有抗胰蛋白酶等物质,影响蛋白质的消化吸收;但经热处理后,可使抗胰蛋白酶失效,从而提高蛋白质的利用率。谷类饲料磨得越细,消化率越高,但过细会降低饲料的适口性。若将粉碎的谷物饲料加工制成颗粒饲料,可提高饲料的利用率达 23% 左右。饲料通过膨化可以提高消化率,减少营养的代谢性浪费。

(三)合理应用饲料添加剂

在畜禽基础日粮配合中,添加一些氨基酸、维生素、矿物质、驱虫保健药物等,不仅能完善配合日粮的全价性,而且对减少疾病、保证畜禽健康、促进生长发育、提高饲料利用率具有明显效果。

(四)适度饲喂

根据猪前期生长慢、中期快、后期又变慢的生长发育规律,应采取直线育

137

肥的饲养方式,以缩短饲养周期、节约饲料。在饲喂次数上,采取日喂两餐制,以减少因多次饲喂刺激猪运动而增加能量消耗和饲料抛撒的损失。

(五)控制环境条件

猪舍环境条件直接影响猪的健康和生长发育,同时也影响饲料的利用率。因此,要保持圈舍清洁干燥、冬暖夏凉,为猪创造一个适宜的生长环境,以减少疾病的发生。研究表明:猪在16~21℃气温下日增重最高,若气温在4℃以下时,增重约降低50%,每千克增重的饲料消耗量比在最适宜温度时增加1倍。

(六)适时屠宰

猪在不同的生长阶段,骨骼、瘦肉、脂肪的生长强度不同。饲养周期越长、体重越重,饲料利用率则越低。一般杂交猪的适宜屠宰体重为90~100千克,经培育的品种为85千克左右,培育程度较低和未培育的品种在75千克左右。

三、改善生猪肉质的措施

影响猪肉品质的因素很多,要提高生猪肉品质量,必须从品种选育、饲养管理、疫病防治、屠宰加工、检疫检验以及畜产品加工等多个环节,采取全面系统的综合措施。

(一)选择优良品种

选择适合当地的优势猪种进行品种改良,促进生猪肉色泽、风味以及蛋白、脂肪比例协调等猪肉品质改善,从而达到提高和改善生猪肉品质的目的。

(二)科学饲养管理

实施科学的饲养管理,做好保健工作,保持猪的健康水平。各类猪群宜采取干料生喂,保证饮用水的卫生。各圈舍的猪应相对稳定,不能经常调群并圈,否则会引起应激,合群后2~3天内会发生频繁咬斗,影响采食和休息。实行分区饲养,自繁自养且有一定规模的为一区,做到"全进全出",使同龄猪(或近似体重)同期进一栋猪舍、同期出一栋猪舍,经彻底清扫、封闭消毒,停用1~2周,再进下一批猪。根据猪的生活习性,建立稳定的管理制度。

应激会降低猪肉品质,要使猪舍建筑结构科学合理,给猪提供舒适的温湿度条件,保证有效通风换气和适宜的自然光照,消除或减少舍内有害气体含量,控制适宜的饲养密度等,有利于提高生产潜力和抗病能力。

(三)饲料营养调控措施

1.控制好饲料中能量和蛋白质水平是改善猪肉品质的基础

适宜的饲粮能量和蛋白质水平,对肉品的嫩度、多汁性、风味等品质特性有影响。控制猪肉的适宜肥度,是提高猪肉品质营养调控的重点。

2.运用维生素调控肉质

添加适量的维生素 E 可减少脂类氧化速度和维持屠宰后细胞膜的完整性,从而改善猪肉品质,使肉可比较持久地保持新鲜外观和颜色,减少滴水造成的损失。维生素 C 具有抗氧化特性,可防止脂肪的氧化,减少 PSE 肉(即白肌肉,肉色灰白、肉质松软、有渗出物)的发生率,改善肉质。同时,维生素 C 具有缓解屠宰应激的作用。另外,维生素 D(维生素 D_3)、β-胡萝卜素和生物素等都具有改善肉质的作用。

3.矿物微量元素调控

补铬可增加瘦肉率,降低脂肪含量,增加肉的嫩度。另外,补铬可以缓解宰前应激,降低 PSE 肉的发生。日粮中补镁可以减少猪肉的滴水损失、改善肉质,降低 PSE 猪肉,从而改善肉质。在猪饲粮中添加有机硒能够显著降低猪肉滴水损失,改善肉的嫩度和总可接受性。锌和锰也是超氧化物歧化酶的激活剂,提高饲粮中锌和锰的水平也有助于防止 PSE 猪肉的产生。

4.合理使用添加剂

研究表明,日粮中添加肉碱、甜菜碱等可降低猪的背膘厚;生长肥育猪日粮中添加半胱胺酸、天冬氨酸等可提高瘦肉率,降低脂肪率和背膘厚;对肥育猪皮下注射环腺苷酸可提高瘦肉率,增加眼肌面积,降低背膘厚。

(四)选择合理的饲喂方式

饲养方式可直接影响动物生长速度和体内蛋白质及脂肪的比例,从而影响胴体品质。与限制饲喂的猪相比,自由采食有助于产生较嫩的优质肉。

(五)加强疫病防治与治疗

生猪疫病防治以防为主,要根据生长发育阶段制订不同时期的防疫计划,并严格按计划实施免疫,使饲养生猪始终处于疫苗保护期内,减少生猪发病。对发病猪,要遵循科学治疗、科学用药方案,避免长期用药和超量用药,特别是对于即将出栏生猪用药更要谨慎,严格按照休药期要求中止用药或延长生猪出栏时间。禁止使用违禁药物。

(六)改进屠宰加工工艺

使用先进的屠宰设备,实施屠宰过程 HACCP 关键技术控制措施,开展药物残留和违禁物质监测,去除病害肉和劣质肉,提高屠宰生猪肉品质量。

第六章　疫病预防与控制技术

通过生物安全措施，将疫病拒于猪场之外，加强养猪生产各个环节的消毒卫生工作，降低和消除猪场内污染的病原微生物，坚持"自繁自养、全进全出"制度，减少或杜绝猪群的外源继发感染机会。

通过对猪主要传染病的定期监测，以掌握猪场疫病的动态。同时应对死亡和发病猪进行准确诊断，及时掌握疫病的发生种类，可为科学制定防疫策略，为提供有效的防疫措施提供充分的保障。

第一节 猪病的监测与控制

一、我国猪病发病的特点

（一）猪群对疫病的易感性增加

随着集约化养猪场的增多和规模的不断扩大，猪群单位面积内饲养密度增加，猪舍管理不善、消毒卫生不严、通风换气不良，猪场及环境污染越加严重，细菌性疫病明显增多，兼之各种应激因素增多等不良因素，使得猪群机体抵抗力降低，直接或间接导致了猪群对病原微生物的易感性增强。

（二）发病呈非典型性

在疫病流行过程中，受环境或免疫力的影响，某些病原的毒力常发生减弱或增强等变化，从而出现新的变异株或血清型。加上猪群免疫水平不高或不一致，导致某些疫病在流行病学、临床症状和病理变化等方面从典型性向非典型性（亚临床型）和温和性转变；从频繁的大流行转为周期性、波浪形的地区性的散发流行等。最终使疫病出现非典型变化，比如低毒力猪瘟病毒可引起非典型猪瘟，表现为散发，发病率不高、发病年龄提前（30 日龄前可发病）、潜伏期延长、缺乏典型的临床症状、病程长，可成为"僵猪"。另一方面，有些病原的毒力出现增强，即使经过免疫的猪群也常出现发病，进而出现诸如"非典型猪瘟""隐性猪瘟""混合感染猪瘟"之类的状况，给疾病诊断、免疫和防治造成较大困难。

（三）呼吸道疾病危害严重

规模化养猪场无一不存在呼吸道传染病，各种日龄的猪都可发病，发病率通常可达 30% ~ 60%，死亡率达 5% ~ 30%，给养猪生产造成重大经济损失，严重制约了养猪业的健康发展。其主要原因是规模化猪场增多，猪群饲养密度加大，为呼吸道传染病的发生和流行提供了良机。近年来，呼吸道疾病如猪支原体肺炎、猪萎缩性鼻炎、猪传染性胸膜肺炎、副猪嗜血杆菌病、猪繁殖与呼吸综合征、猪伪狂犬病、猪流感、猪冠状病毒感染等发病率增加，危害严重。

（四）混合感染、继发感染和疾病综合征逐渐增多，使病情更加复杂化

目前，养猪生产中常见并发病、继发感染和混合感染的病例显著上升，并导致猪群的高发病率和高死亡率，尤其是一些条件性、环境性病原微生物所致的疾病更为突出。在这类混合感染中，两种甚至多种疾病混合感染和继发感

染的现象非常普遍。临床发病猪体内常能检测出多种病原,现今发生的传染病往往不是单一的病原体所致,而是两种或两种以上的病原体共同作用所致,多病原混合感染或继发感染已成为发病的主要形式。多病原的感染,使病猪所表现的临床症状无诊断特异性,而是表现为一系列的综合征候群,使病情复杂化,增加临床诊断的难度,也给疫病控制带来困难。

(五)免疫抑制性疫病危害加重

蓝耳病与圆环病毒感染是当前公认的两个主要的免疫抑制性疫病,气喘病与伪狂犬病也可导致免疫抑制,其危害性越来越严重。免疫抑制性疫病可直接损害猪的免疫器官和免疫细胞,造成细胞免疫和体液免疫的抑制,使机体的免疫力和抵抗力大大减弱,健康水平整体下降,同时,免疫抑制性疫病对其他疫病疫苗的应答产生干扰作用,如蓝耳病阳性猪场中用猪瘟弱毒疫苗免疫猪群其抗体水平明显偏低,使猪群对疫病的易感性增高,并发病、继发感染与混合感染明显上升。免疫抑制性疾病的存在是我国近年来疫病越来越多、复杂程度加剧、猪越来越难养的最根本原因。

此外,应激和真菌毒素等所致的非传染性免疫抑制,以及免疫接种技术缺陷、密集免疫、漏免等人为性的免疫抑制也不容忽视。

(六)繁殖障碍性传染病普遍存在

引起猪繁殖障碍性传染病的有蓝耳病、猪瘟、圆环病毒感染、伪狂犬病、细小病毒病、乙型脑炎、猪流感、附红细胞体病、布鲁菌病、衣原体病、钩端螺旋体病、弓形体病等。其中以蓝耳病、圆环病毒感染、猪瘟、伪狂犬病及附红细胞体病等造成的繁殖障碍最为普遍和严重。特别是对初产母猪的危害甚大,约可造成70%以上的母猪发生流产、产死胎和弱子,对种猪场危害很大。

(七)新病不断出现而老病又重新抬头

据有关部门统计,我国近10年来新出现猪病有7种,如猪伪狂犬病、猪繁殖与呼吸综合征、猪圆环病毒感染、猪增生性肠病、猪传染性胸膜肺炎、猪蛇形螺旋体痢疾等。这些疫病在我国大部分地区都有发生和流行,有些虽然只是在局部区域发生,但却具有很大的潜在危险,加上原有的猪瘟、猪伪狂犬病、猪乙型脑炎等病在我国均有不同程度的发生,使得猪病的发病率和死亡率一直处于一个较高的水平。

(八)病原菌抗药性增加

盲目大量滥用、乱用抗生素及随意加大剂量,使养猪场中一些常见的细菌产生强耐药性,使抗生素的疗效显著降低,并造成抗生素在猪肉及内脏器官中的残留,严重影响出口贸易和人体健康。它不仅在经典的老抗菌药是这样,在一些新的抗菌药也是如此。耐药性还普遍存在多重耐药,目前一些地方出现了可耐受现今所有抗菌药物的细菌,被称为"超级细菌耐甲氧西林金黄色葡萄球菌"。

二、猪病防控的措施

(一)建立猪场完善的生物安全体系

通过生物安全措施,将疫病拒于猪场之外,加强养猪生产各个环节的消毒卫生工作,降低和消除猪场内污染的病原微生物,坚持"自繁自养、全进全出"制度,减少或杜绝猪群的外源继发感染机会。

(二)加强饲养与管理,增强猪的抵抗力

营养物质的正常供给是猪正常发育、繁殖和维持正常活动所必需的。营养不全面会导致许多疾病。营养全面的饲料是最广谱的药品,它对任何疾病都有效。强化饲料营养,要对猪日粮经常性地进行营养成分以及微生物的抽检,以确保饲料的卫生标准和营养成分。细化各类猪群饲养管理,应特别注意繁殖母猪和子猪的养护;减少各种应激因素对猪群的影响;注意通风、保温、湿度调节、饲养密度和氨气的密度等。

(三)科学使用疫苗,制定合理的免疫程序

在规模猪场要求使用多种疫苗预防相应的疫病,因而要根据规模化养猪的特点,按照各种疫苗的免疫特性,制定合理的预防接种次数、剂量、间隔时间,必须根据本场的情况和各种疫苗的性能特性制定;猪场要选择具有良好信誉的厂家生产的疫苗,且在运输保存过程中应严格按疫苗的运输和保存要求操作,不能购买和使用无信誉的疫苗,而且在使用过程中一定要严格规范操作。

(四)强化猪群的药物预防与保健

药物控制方案原则:摸清猪场常发的细菌性继发感染疾病的种类,有条件的猪场,最好做分离细菌的耐药性试验,确定敏感的抗菌药物。对传染性疾病,应根据本地流行的规律或实验室诊断结果,有针对性地选择敏感性较高的药物,添加在不同阶段的猪群中,适时进行预防。对预防性药物应有计划地进行定期轮换或更换使用,防止抗药菌株的产生。

(五)建立完善的疫病监测与免疫监测体系

通过对猪主要传染病的定期监测,掌握猪场疫病的动态。同时应对死亡

和发病猪进行准确诊断,及时掌握疫病的发生种类,可为科学制定防疫策略,进行有效的防疫提供充分的保障。

(六)建立疫病发生的应急机制

当发生疫情时,要早防早治,做到正确诊断,对症用药。对传染性疫病,只要切断传染病流行3个基本环节中的任何1个环节,传染病的流行即可终止。即消灭传染源,切断传播路径,保护好易感动物是最大限度地降低猪病发生的根本措施。同时要做到:停止对外出售猪,严格控制人员流动;加强消毒,全场提高消毒密度和频率;对病死猪进行无害化处理,严禁食用或丢弃,废弃物垃圾进行焚烧处理;减少应激,转群、清圈时特别要注意,清圈时不要赶动猪,轮换清扫地面;加强饲养管理,提高营养水平,创造温暖、卫生、空气新鲜、舒适的环境。

第二节　猪场主要传染病控制

一、猪瘟

猪瘟是由猪瘟病毒引起的猪的一种高度传染性疾病。猪瘟的潜伏期为2～21天,一般为5～7天,可表现为最急性、急性、亚急性、慢性、不典型或隐性感染。

【临床症状】

1. 最急性型

此型多见于新疫区发病初期。病猪常无明显症状,突然死亡。稍后可见体温升至41～42℃,食欲减少,沉郁,眼、鼻黏膜充血,极度衰弱。病程1～2天,死亡率极高。

2. 急性型

急性病例病程为1～3周,死亡率可达60%～80%。除不食、精神差、喜卧、弓背、寒战及衰弱等症状外,其他典型症状有:体温高达40.5～42℃,眼结膜发炎,有脓性分泌物,有时可见眼结膜小点出血。鼻黏膜发炎,有脓性分泌物。病初便秘,粪便发黑,如算盘珠子。病后期腹泻、恶臭、粪带黏液或血。在病猪鼻端、耳后、腹部、四肢内侧等皮薄毛稀处可见大小不等的紫红色斑点,指压不褪色;公猪包皮炎,用手挤压有恶臭混浊液体射出。口腔黏膜不洁,苍白或发绀,唇内面、齿龈、口角等处有出血斑点。子猪发病时伴有神经症状,受外界刺激时,尖叫、倒地、痉挛。在急性病程中,体温上升时血细胞数明显减少。

3.亚急性型

症状似急性型,一般较缓和。病程3~4周。

4.慢性型

病猪症状不规则,体温时高时低,食欲时好时坏,便秘与腹泻交替出现。病猪明显消瘦,贫血,全身衰弱,精神委顿,步态不稳。有的皮肤有紫斑或坏死痂。病程持续1月以上,最后死亡。

5.非典型猪瘟

通常认为是病猪先天感染猪瘟强毒株所致,这类病猪白细胞总数显著减少。病势缓和,病程较长,临床症状和剖检变化不典型,发病率和死亡率都较低。先天感染猪瘟病毒时,母猪表现为流产,胎儿木乃伊化、畸形、死产、弱子或产出部分外表健康的带毒猪。这类外表健康的子猪,生后几个月内表现正常,随后可见轻度厌食、沉郁、结膜炎、皮炎、腹泻、共济失调、后躯麻痹,最终死亡。

【诊断要点】

1.典型的猪瘟病例

通常考虑其流行病学特点和临床症状,尤其是典型的剖检病变和血相化验结果,即可做出相当准确的诊断。随着生猪生产及防疫水平的提高,典型猪瘟病例已较为少见,临床上、生产中多以非典型猪瘟为主。因此,要对临床病例做出正确诊断结果,就需求助于相应的实验室诊断技术。

2.猪瘟病毒检测方法

可采取发病死亡猪的扁桃体、肾脏、脾脏、淋巴结,做成切片或涂片,用免疫荧光抗体试验或酶标抗体染色法进行检测。也可用病料接种易感猪或家兔进行动物接种试验。可采用聚合酶链式反应直接检测病料组织的猪瘟病毒。

3.猪瘟病毒抗体检测方法

可采取病猪血清,进行酶联免疫吸附试验检测强毒特异性抗体,该方法可用于区分强毒感染抗体和疫苗免疫抗体。也可用Dot-ELISA、间接血凝试验、免疫荧光抗体试验等检测抗体。一定要进行长期测试,比较发病前后抗体效价的升降。同时配合其他常规诊断手段。

【防制措施】

本病无有效药物治疗,一般在进行强化免疫后仍发病者主张及时淘汰,以免危害其他猪。

1. 加强饲养管理

主要是严把引种关,避免将猪瘟病毒引入猪场。

2. 做好猪瘟的免疫预防接种

目前生产中有两种免疫程序可以采用,有条件的猪场应根据抗体监测结果制定合理的免疫程序。

免疫程序一:超前免疫,子猪分娩后未吃到初乳前进行猪瘟疫苗接种,1～2小时后再进行哺乳。60～65日龄再进行第二次免疫接种。后备种猪在配种前再做第三次免疫。在猪瘟强毒污染场,存在母猪带毒、哺乳子猪猪瘟多发的猪场可采用该免疫程序。

免疫程序二:子猪在20日龄左右进行猪瘟疫苗的第一次免疫接种,60～65日龄进行第二次免疫接种。后备种猪在配种前再做第三次免疫。

3. 定期进行抗体普查

种猪群合格率偏低时需进行强化免疫(一般采用8～10头份)。对不合格的母猪记录耳号进行跟踪,在强化免疫后3～4周再次采血,如抗体水平仍然不合格,立即进行淘汰处理。根据检查结果可建立抗体消长数据库,作为免疫调整的依据。必要时可进行种猪全群野毒检查,淘汰阳性种猪。

4. 猪瘟的净化

目前,猪瘟带毒现象十分普遍,在猪场常引起母猪的繁殖障碍和子猪发生猪瘟。有猪瘟强毒感染的种猪场应进行净化,在做好疫苗免疫接种的同时,应对种猪群和后备种猪群进行活体采样(采集扁桃体),经组织切片用免疫荧光抗体进行检测,淘汰阳性带毒种猪和后备种猪。

二、猪口蹄疫

是由口蹄疫病毒引起的人畜共患病。口蹄疫病毒为小 RNA 病毒,属于微RNA 病毒科、口蹄疫病毒属。

【临床症状】

猪感染发病后,体温升高至 40～41℃,精神不振,食欲减少,侧卧不起,跛行。蹄冠、蹄叉和蹄踵部皮肤出现局部红肿、热、敏感。后形成水疱,米粒至黄豆大小,内含灰白色或暗黄色液体。水疱破溃后,可见暗红色糜烂面,此时体温下降。破溃处若无继发感染,会很快结痂愈合。否则,蹄匣可能脱落。

病猪吻突、齿龈、舌、腭也可能出现水疱,破溃后形成浅表溃疡。少数母猪的乳房、乳头也可能出现水疱。

新生子猪感染后常呈急性死亡。较大的子猪感染后可见剧烈腹泻,严重脱水而死。有的表现高热、心跳及呼吸加快、痉挛嚎叫而死。妊娠母猪偶尔流产。哺乳母猪泌乳减少或停乳。

【诊断要点】

根据流行特点和临床表现,一般可做出初步诊断。为了有效控制本病,最好能取病料送到实验室检查。实验室诊断可采取 3~5 头病猪蹄部水疱皮,装入青霉素空瓶,冷藏保存,送检。可用补体结合试验、乳鼠血清保护试验、反向间接血凝试验及酶联免疫吸附试验检测病毒和定型。可采用 RT-PCR 检测病料中的口蹄疫病毒。

【防制措施】

做好平时的预防工作。防止从污染地区引入猪和运回猪的产品。对运回的猪和猪的产品应进行严格检疫。

加强生猪收购和调运时的检疫工作,防止因此而传播疫病。

如疑为口蹄疫发生时,立即向上级有关部门报告疫情,以求早日确诊,并采集病料送往专门机构检验,分离病毒,鉴定毒型。

对发病现场进行封锁,按照上级业务部门的规定,执行严格的封锁措施,按"早、快、严、小"的原则处理。

对猪舍、环境及饲养管理用具进行严格的消毒。经有关部门批准,在解除封锁前,还须进行一次彻底的消毒。

体重达到一定重量的病猪,经有关部门批准,可集中屠宰,按食品卫生部门的有关法规处置。

本病无有效治疗措施,对病猪应及时隔离,猪群发病后应上报有关主管部门,执行严格的隔离封锁措施,销毁死尸,全场彻底消毒。禁止猪流通。对猪场或疫区内健康猪,用口蹄疫灭活疫苗进行紧急免疫接种。

三、猪丹毒

猪丹毒是人兽共患传染病,是猪丹毒丝状菌引起的一种急性败血性传染病。人可以感染本病,称为类丹毒。

【临床症状】

本病主要临床症状为急性型呈败血症状,发高热;亚急性型在皮肤出现紫红色疹块;慢性型表现非化脓性关节炎和疣状心内膜炎。猪对本菌最敏感,多呈散发或地方流行。一年四季均可发生,但以多雨炎热季节发病较多,多发于

3～6月龄架子猪。

【诊断要点】

主要是根据流行特点、症状、病变等做出初步判定。败血型体温升至42℃或更高,皮肤出现血斑,指压时红色消失。疹块型以疹块为主症。慢性多数由急性转变而来,发生心内膜炎和关节炎。实验室检查可见革兰阳性(紫色)细小杆菌。

【防制措施】

在发病后24～36小时治疗,有显著疗效。首选药物为青霉素,对急性型最好首先按每千克体重1万国际单位青霉素静脉注射,同时肌内注射常规剂量的青霉素,即20千克以下的猪用20万国际单位,20～50千克的猪用40万～100万国际单位,50千克以上的猪酌情增加。每天肌内注射2次,直至体温和食欲恢复正常后24小时,不宜停药过早,以防复发或转为慢性。

四环素、土霉素,每天每千克体重为7～15毫克,肌内注射。

洁霉素每次每千克体重11毫克,1天1次。

泰乐菌素每千克体重2～10毫克,1天2次,肌内注射。

特殊情况可用血清治疗,剂量为子猪5～10毫升,3～10个月龄猪30～50毫升,成年猪50～70毫升,皮下或静脉注射,经15～24小时再注射1次。

【综合防制措施】

1. 平时要加强饲养管理,保持清洁,定期消毒

发现病猪,应立即对全群猪测体温,及早检出病猪,病猪隔离治疗,死猪应深埋或烧毁。与病猪同群而未发病的猪,注射青霉素进行药物预防。待疫情扑灭后,进行1次大消毒,并注射菌苗,巩固防疫效果。对慢性病猪及早淘汰,以减少经济损失,防止带菌传播。

2. 按免疫程序使用猪丹毒菌苗

一般于猪出生后3个月开始免疫接种,未断奶子猪(20日龄后)使用本菌苗后,应在断奶后2个月左右再免疫1次,以后每隔6个月免疫1次。

四、猪肺疫

是由多杀性巴氏杆菌引起的猪的一种急性传染病。中、小猪易感染发病,可见于一年四季,尤以气候剧变的秋末春初多见。常呈零星散发和继发感染。

【临床症状】

临床上分最急性、急性、慢性几种类型。

1.最急性型

最急性型俗称"锁喉风",无症状突然死亡。病程稍长者体温升高(40.5～42.2℃)、食欲废绝、全身衰弱、卧地不起;或呈犬坐姿势,呼吸极度困难,表现伸颈呼吸,有时有喘鸣声。典型症状是急性咽喉炎,叫声嘶哑,颈下部皮肤红肿、硬实、发烫,耳根、腹侧、四肢内侧出现红斑,口鼻流出泡沫。病程为几小时到4天。

2.急性型

急性型是猪肺疫常见的发病类型。除具败血症的症状外,还表现为胸膜肺炎。体温升高(40.5～41.6℃),最初发生痉挛性干咳,呼吸困难。流黏稠鼻液,有时混有血液。后为湿咳,胸部疼痛。如果病情加重,呼吸将更困难,张口呼吸,呈犬坐式,可视黏膜发绀,化脓性结膜炎,初便秘后腹泻。最后心力衰竭,多因窒息、休克而死,病程为5～8天,不死者转为慢性。

3.慢性型

表现为慢性肺炎和胃肠炎,持续性咳嗽与呼吸困难,鼻孔流出少量、黏性或脓性分泌物,食欲不振,常有泻痢。有时出现关节肿胀。随着病程发展,表现营养不良,消瘦,如不及时治疗,多拖延2周以上即死亡。

【诊断要点】

根据流行特点、临床症状、大叶性肺炎病理变化可做出初步判断,但特征性不强,常需结合实验室诊断进行确诊。本病应注意与急性猪瘟、猪丹毒、胸膜肺炎等病鉴别。

病料送检:可采病猪的肺、肾、淋巴结与气管内容物送检。

【防制措施】

1.加强饲养管理

贯彻"预防为主"的方针。巴氏杆菌属条件致病菌,常常因猪体质瘦弱、抵抗力下降或天气突变、高热等应激而发病,天热时需加强防暑降温与通风换气,在应激到来之前防应激用药,同时需加强卫生消毒工作。

2.免疫预防

可在每年的春秋两季接种猪肺疫氢氧化铝甲醛苗或口服猪肺疫弱毒疫苗。

3.药物预防与治疗

群体:可使用先锋、四环素类、泰农、支原净、磺胺药或增效磺胺等拌料,连用4～7天。

个别治疗:病猪及时隔离治疗,最好进行注射(或推静脉、吊针)用药,首选青霉素加链霉素、链霉素、先锋、氟喹诺酮类(环丙、恩诺),次选四环素类(长效抗菌剂、新强米先针剂)、氟甲砜霉素类、磺胺药或增效磺胺等。最好分离病原做药敏试验,使用高敏药物进行治疗。

五、猪支原体肺炎

俗称猪喘气病,是由猪肺炎支原体引起的一种慢性呼吸道传染病,任何年龄的猪都可感染。

【临床症状】

其主要临床症状是咳嗽和气喘,该病特点是发病率高、死亡率低,患病猪的饲料转换率低、生长缓慢,更为严重的是猪得了喘气病之后,很容易继发感染其他细菌或病毒,从而使病情加重,病程延长,损失加剧。

【诊断要点】

体格健壮的猪出现咳嗽,喘气不明显不影响生长发育。种猪群多呈现慢性或隐性。从临床症状方面看主要以咳嗽、喘气为特征,一般的精神、食欲、体温等没有明显的变化。病理剖检,主要见到左右肺对称性的肺炎、淋巴结肿大为特征:根据上述各方面可以做出判定,用不着化验诊断。

【防制措施】

对本病采取早期治疗有一定的疗效。我国各地采用中西医相结合的方法对本病进行治疗,疗效比较显著。举例如下:

泰乐菌素:肌内注射 2.5~5 毫克/千克体重,每天 2 次,连用 3~5 天。口服 20~30 毫克/千克体重,每天 1 次,连用 5~10 天。

10% 的复方泰妙菌素与金霉素配合的预混料。用 40 克溶于 50 千克水中饮服或 100 千克体重给本品 7 克拌料喂服,每天 1 次,重病者加服 1 次,连用 10 天,预防量减半,连服 10 天。

肌内注射恩诺沙星 2.5 毫克/千克体重、地塞米松 4~12 毫克/次,每天 1~2 次,连用 3 天为一个疗程。为解喘息,可再用氨苯碱 250~500 毫克配等量 2% 的普鲁卡因青霉素肌内注射 1~2 次。

肌内注射长效土霉素 20 毫克/千克体重或长效抗菌剂 1~5 毫克/次,3 天 1 次,连用 2~3 次。

喘气 100 肌内注射 0.2 毫升/千克体重,加 TMP 20~25 毫克/千克体重,每天 1 次,连用 2 天。

盐酸林可霉素或丁胺卡那霉素 11 毫克/千克体重,加地塞米松4~12 毫克/次,每天 1~2 次,连用 5~6 天。出现犬坐式呼吸时可加注速尿 1~2 毫克/千克体重,每天 1 次,连用 2 天。

核糖霉素 20 毫克/千克体重,加病毒灵 20 毫克/千克体重,有发热加肌内注射羧青霉素 12.5~50 毫克/千克体重,加安乃近 1~3 克/次,地塞米松4~12 毫克/次,每天 1~2 次,连用 2~3 天。

止咳平喘汤 40~50 克:阿胶 12 克、马兜铃 15 克、天花粉 13 克、知母 12 克、黄芩 10 克、当归 10 克、元参 12 克、冬花 12 克、金银花 15 克、连翘 15 克、橘红 15 克、白术 12 克、白芍 10 克、党参 10 克、黄芪 10 克、甘草 15 克煎汤经胃灌服,隔天 1 次,连用 3~5 次,身体不虚的可减掉党参、黄芪。

实行自繁自养、"全进全出"制度,以杜绝带病猪从外传入;加强饲养管理和环境卫生工作;对病猪做到早发现,早隔离治疗。

给种猪和新生子猪接种猪喘气病弱毒冻干疫苗,免疫程序为每年 8~10 月,给种猪和后备猪注射猪气喘病弱毒菌苗 2 次。子猪可进行二次免疫以提高猪群免疫率,7~15 日龄首免,60~80 日龄二免子猪群。

六、猪传染性胸膜肺炎

是由胸膜肺炎放射杆菌引起的猪的呼吸道传染病。各个年龄的猪均易感,以 3 月龄多见。发病率为 8%~100%,病死率为 0.4%~100%。本病一年四季都可发生,但以冬春季节多见。饲养方式突然改变,卫生条件差,密度大,气温急剧变化,长途运输等不良诱因均可引发该病。

【临床症状】

分为最急性、急性、亚急性和慢性型。

1. 最急性型

零星发病,体温升至 41.5℃以上,不食,开始无明显呼吸道症状,后期表现为犬坐姿势,张口喘气,从口鼻流出含气泡的带血色黏液,耳、鼻、四肢皮肤呈蓝紫色。24~36 小时死亡。

2. 急性型

体温 40.5~41℃,病猪不食,持续性呼吸困难,咳嗽,病程可维持数日。视饲养环境好坏可表现为死亡或转为亚急性型。

3. 亚急性和慢性型

轻度发烧不超过 40℃,食欲减少或停止,间歇性咳嗽,生长迟缓。

【诊断要点】

临床症状不具有特征性,一般仅供参考,确诊需结合剖检病变与实验室细菌分离。

病变方面,最急性型主要表现为鼻中流出泡沫样带血的分泌物,肺出现界线清晰的出血性实变或黑色坏死区,质地较硬而脆;肺切面有许多气泡与出血区域。急性型表现为肺间质增宽与积留血色胶样液体,多数还表现纤维素渗出。亚急性和慢性型主要表现为干酪性脓肿与大小结节,或广泛性胸膜粘连。

病料送检:采病猪的心与肺放冰盒(加冰)及时送检。

【防制措施】

1. 加强饲养管理

天热季节加强防暑降温,饲养环境突变、气候突变、长途运输等强烈应激时加强防应激用药,降低饲养密度,加强通风。

2. 免疫预防

种猪群可普打胸膜肺炎苗3毫升(避开配后两周内与产前两周内母猪),子猪可在25～35天龄注射胸膜肺炎苗1～2毫升。

3. 药物预防与治疗

在种猪与肉猪群零星发病时,子猪转栏上市前与疾病发生前,采用以下药物:

阿莫西林500～1 500克/吨(原粉浓度)拌料或饮水,连用3～5天。

氟甲砜霉素类40～100克/吨(原粉浓度)拌料或饮水,连用3～5天。

个别治疗:进行紧急注射(或吊针)治疗,可供选择的药物有:青霉素、阿莫西林、氨苄青霉素、庆大霉素、卡那霉素、丁胺卡那霉素、氟甲砜霉素等,可连续注射2～3天。

七、猪传染性萎缩性鼻炎

是一种主要由支气管败血波氏杆菌引起的猪的慢性、接触性呼吸道传染病。任何年龄的猪都可感染发病,哺乳子猪最易感。20日龄以内子猪感染,常引起鼻甲骨萎缩。随着日龄增加,感染发病后,症状轻微,或有轻度鼻甲骨萎缩。

【临床症状】

感染小猪打喷嚏,鼻端拱地或在槽边擦鼻子,鼻孔流黏液性或脓性带血的鼻涕。特征性症状在内眼角下部皮肤上因鼻泪管阻塞和结膜炎不断流泪,形

生猪标准化安全生产关键技术

成半月形泪痕,俗称"泪斑"。2~3个月后,发展为双侧或单侧的鼻甲骨萎缩而表现上颌短小上翘,皮肤多皱纹(所谓"狮子头"),上下门齿不能吻合或鼻子向一侧歪斜,头形不正。

【诊断要点】

根据症状、病变可做出初步诊断,确诊需借助实验室,采鼻拭子进行病原菌检查。

【防制措施】

1.加强饲养管理

关键是加强检疫,严防引入病猪,对出现典型病症的猪及早进行淘汰。

2.免疫预防

目前有二联灭活疫苗(中国农科院哈尔滨兽医研究所研制)上市,常发本病地区必要时可对妊娠母猪在产前25~40天皮下注射2毫升,子猪在4周龄和8周龄各注射0.5毫升,有一定效果;最好分离本地的菌株(波氏杆菌和产毒素多杀性巴氏杆菌D型)制成油佐剂灭活菌苗用于本地免疫预防。

3.药物预防与治疗

(1)全群预防与治疗 ①妊娠母猪(产前1个月)、哺乳母猪:磺胺六甲氧嘧啶或磺胺二甲基嘧啶500克/吨拌料;或磺胺二甲基嘧啶400克/吨+金霉素(或土霉素、强力霉素)300克/吨拌料或150克/吨饮水;或泰农(原粉)100克/吨+磺胺二甲基嘧啶400克/吨。用药时间,产前5~7天、产后5~7天,断奶后5~7天。②新生子猪、哺乳子猪:出生后2天内,用2.5%卡那霉素滴鼻;9天龄、16天龄、23天龄鼻内滴入磺胺药物;或从2日龄开始每隔1周肌内注射1次增效磺胺,用量为磺胺嘧啶12.5毫克/千克体重,三甲氧苄氨嘧啶2.5毫克/千克体重,连用3次;或每周肌内注射1次长效土霉素,连用3次。③断奶子猪、保育猪、小猪、中猪:用泰农(或酒石酸泰乐菌素)+磺胺二甲基嘧啶(或钠盐)拌料或饮水,110克/吨+110克/吨,连用10~14天。④后备猪引进后第一周用强力霉素300克/吨混料,1头1克左右。以后从5月龄开始到配种前,每个月使用7天。

(2)个别预防与治疗 可使用磺胺药及抗生素。治疗时,应坚持治疗药物与预防药物分开。

4.本病总的防制原则

应坚持个别治疗与全群投药相结合,对症状较重的猪实行肌内注射或喷鼻个别治疗,全群猪应进行拌料或饮水投药,症状消失后,应继续使用1个疗程,以防复发。

若本场萎缩性鼻炎普遍且较为严重,可采用间断式投药(比如先用药5~7天,停药5~7天,之后再反复进行数个疗程)来控制疫情或进行疾病净化。

淘汰病重歪鼻猪,它们是重要的传染源。

八、猪繁殖和呼吸综合征

猪繁殖和呼吸综合征又名猪蓝耳病,是由病毒引起的一种接触性传染病。主要症状是厌食、发热、繁殖障碍和呼吸困难,主要危害种猪和繁殖母猪及其子猪。各种日龄均可感染发病,无明显季节性。

【临床症状】

1. 种猪

经产与后备母猪可表现发热(39~41℃)、精神沉郁、食欲下降。个别猪可能停食3~7天。之后表现流产、早产(妊娠112天以前的晚期流产),死产、弱子。少数母猪耳尖发绀。公猪通常无临床症状。

2. 子猪

新生和哺乳子猪可表现高热、厌食、呼吸困难、眼结膜炎。哺乳子猪有的耳朵和躯体末端皮肤发绀。断奶前死、淘率可达30%~50%。如断奶与转栏应激大,进入保育舍后淘汰还将延续,子猪可表现松毛、消瘦,呼吸道病难以控制,有的表现顽固性拉稀。

3. 育肥猪

育肥猪可能停食并伴有发热、精神沉郁和咳嗽,常有腹泻症状,有的表现躯体末端发绀,眼结膜炎。

【诊断要点】

母猪晚期流产,流产前高热,厌食或废绝,流产后数日才逐渐恢复采食。新生和哺乳子猪眼结膜炎,保育猪松毛、消瘦,呼吸道病难控,有的表现顽固性拉稀。剖检表现斑驳状间质性肺炎与"橡皮肺"特征。据此可做初步诊断,确诊需借助实验室检测。

病料送检:可采病猪的血清,也可采病猪的肺、肾、淋巴结送检做病毒分离与确诊。

【防制措施】

1. 加强饲养管理

当发生蓝耳病时,对木乃伊胎、死胎、弱胎和圈舍、用具及环境进行严格消毒,加强病猪隔离,一般不低于40天,种猪推迟一个情期配种。严格控制啮齿类动物在猪舍进出、繁殖。应防止猪与野生动物、禽类接触。种猪场或规模养猪场应严格执行综合性防疫措施及消毒制度。减少不同日龄子猪混群,实行"全进全出"制。有条件的可进行早期断奶净化本病。

2. 免疫预防

目前已有弱毒与灭活苗上市,其效果众说不一。一般说来弱毒苗注射具有一定的风险性(除非来自同一猪场的致弱病毒苗)。灭活苗的安全性较好。国外研究认为,采用全场"一次过"性免疫可使抗体水平迅速达到均衡,从而可使疫情得到迅速控制。

3. 药物预防与治疗

目前尚无有效药物用于本病预防与治疗。一般使用药物(如支原净、泰农、氟甲砜霉素等)控制继发细菌感染还是可行的。有报道称为妊娠后期母猪添加维生素与硒可减弱此病的症状。

九、猪伪狂犬病

是由伪狂犬病病毒引起猪和多种动物共患的急性传染病,本病毒属于伪狂犬疱疹 I 型病毒。

【临床症状】

1. 种猪

母猪多呈一过性和亚临床性,孕猪出现流产、死胎、木乃伊胎、弱子,有的返情率高、屡配不上。种公猪睾丸肿胀或萎缩,丧失性欲。

2. 子猪

主要表现为2周龄内哺乳子猪发病。本病的潜伏期一般为3~6天,新生子猪1~3日龄正常,之后眼眶发红,体温升高,口角流出唾液,有的呕吐或腹泻。出现神经症状,兴奋不安,体表的肌肉痉挛,眼球震颤上翻,运动障碍。有间歇性地抽搐,严重的出现角弓反张,发热、高热,最后昏迷死亡。病程36~48小时,耐过的子猪往往发育不良,成为僵猪。出现神经症状者100%死亡。20日龄以上子猪发病率与死亡率均低,有的可能表现耳尖发紫。

3. 育肥猪

4月龄(养户转完中料以后)左右的猪可能发病,症状轻微,轻烧,流鼻汁,食欲不振,有时呕吐与腹泻,严重者四肢僵直(尤其是后肢)而震颤。

【诊断要点】

子猪3～15日龄间高死亡率,口角流出唾液,有的呕吐或腹泻,死前有神经症状。病变表现为扁桃体坏死性变化,多处内脏表现点状出血与坏死点(斑),脑实质有点状出血。据此可做出初步诊断,确诊需借助实验室检测。有资料显示,伪狂犬阳性率为5%～15%的猪场容易变得不稳定。

病料送检:可采病猪血清,也可采肺、脑、肝、淋巴结等内脏送检。

【防制措施】

1. 疫苗免疫接种

疫苗免疫接种是控制猪伪狂犬病的主要措施。目前市场上有弱毒疫苗和灭活苗可供使用,弱毒疫苗包括天然基因缺失减毒活疫苗和人工基因缺失活疫苗,灭活疫苗包括全病毒灭活疫苗和基因缺失灭活疫苗。妊娠母猪在产前1个月接种,所产子猪在2月龄首免,3周后二免,种公猪每半年免疫1次;无母源抗体的子猪在2日龄首免,3～4周后进行二免。各公司疫苗在免疫程序上有所差别,应按产品说明书进行。种猪场最好用基因缺失疫苗,便于使用鉴别诊断ELISA试剂盒区分疫苗免疫抗体和野毒感染抗体而进行本病的净化。

2. 环境控制

发生本病时应扑杀病猪,消毒猪舍和环境,粪便发酵处理。平时应做好防疫工作,禁止从有病猪场引种。引种时须做血清学监测,确为阴性时方可引入,并做好猪场的灭鼠工作。

3. 种猪场猪伪狂犬病的净化

有此病的种猪场应进行该病的净化工作,在使用基因缺失疫苗免疫接种的同时,使用鉴别诊断试剂盒定期对种猪群进行监测,淘汰阳性种猪;对后备种猪进行监测,阳性者进行育肥或淘汰处理。

4. 药物预防与治疗

目前尚无有效药物用于本病治疗。

十、猪链球菌病

链球菌病是由C、D、E及L血清群链球菌引起猪的多种链球菌病的总称,人和多种动物易感。

【临床症状】

在猪临床上常见化脓性淋巴结炎型、败血症、脑膜炎型及关节炎型。各种年龄的猪都可感染发病,子猪和成年猪均有易感性,以新生子猪、哺乳子猪的发病率和病死率高,多为见败血症型和脑膜炎型;其次为中猪和怀孕母猪,以化脓性淋巴结炎型多见。发病的季节性不明显,5~11月多发。一般呈地方流行性,本病传入之后,往往在猪群中陆续出现。

【诊断要点】

根据临床上发高热、关节肿、跛行、耳、鼻发绀、呼吸急促、神经症状等,结合死亡后血液呈酱油色、凝固不良、心内外膜出血、脾肿大有黑色梗死病灶,胃底黏膜出血溃疡等病变初步诊断。

根据流行病学和临床发病特点,结合实验室病料抹片或触片,染色镜检,病原分离,敏感动物接种试验及血清学试验做出血清群及型的鉴定确诊。

【防制措施】

将病猪隔离按不同病型进行相应治疗。对淋巴结脓肿,待脓肿成熟(变软后,及时切开,排除脓汁),用3%双氧水或0.1%高锰酸钾冲洗后,涂以碘酊。

对败血症型及脑膜炎型,应早期大剂量使用抗生素或磺胺类药物。

青霉素每千克体重2万国际单位,链霉素每千克体重20毫克,每天肌内注射2次,连用3天。

增庆安注射液0.1毫升/千克体重,肌内注射,每天2次,应连续用5天以上。

乙酰环丙沙星,2.5~10毫克/千克体重,每隔12小时注射1次,连用3天。

加强饲养管理和环境卫生工作。除喂给全价饲料外,低密度饲养,定期进行消毒,保持猪舍内新鲜空气和适当温度、湿度。

对规模化猪场全面采用接种疫苗。60日龄首次免疫接种猪链球菌病氢氧化铝胶苗,以后每年春秋季各免疫1次,不论大小猪一律肌内或皮下注射5毫升,浓缩菌苗注射3毫升,注射后21天产生免疫力,免疫期约6个月。

猪链球菌弱毒菌苗,每头猪肌内或皮下注射1毫升,14天产生免疫力,免疫期6个月。

药物预防。猪场发生本病后,如果暂时买不到菌苗,可用药物预防,以控制本病的发生。每吨饲料中加入四环素125克,连喂4~6周。

猪群中发现病猪尽快隔离,清除传染源;带菌母猪尽可能淘汰,污染的用具用3%来苏儿或1/300菌毒灭等彻底消毒。急宰或宰后发现可疑病猪的猪胴体,经高温处理后方可食用。

十一、猪断奶后多系统衰竭综合征

子猪断奶后多系统衰竭综合征的主要致病因子是猪圆环病毒2型，该因子还可导致母猪繁殖障碍、断奶猪和育肥猪的呼吸道病、猪皮炎和肾病综合征以及猪的先天性震颤。

【临床症状】

病猪表现为进行性消瘦、体重减轻、贫血、被毛粗糙、呼吸喘急、步行不稳、嗜睡、先天性颤抖、肠炎等。发病猪中有半数2~8天内死亡，其他半数猪即在衰弱状态下残存，但几乎没有康复猪。

猪圆环病毒2型经常与猪繁殖与呼吸综合征病毒（PRRSV）或细小病毒（PPV）并发感染或继发感染，使患病猪病情加重，造成断奶猪大批死亡。该病可通过呼吸道、消化道、精液感染或垂直感染。该病主要发生在哺乳期和保育舍的子猪，尤以5~12周龄的子猪常见，一般于断奶后2~3天或1周开始发病。急性发病猪群中，病死率可达10%，但常常由于并发细菌或病毒感染而使死亡率大大增加，病死率可达25%以上。

【诊断要点】

临床症状只作为重要的诊断依据。必须将临床症状、病理变化和实验室的病原或血清学检测等相结合，才能得到可靠的结论。

【防制措施】

1. 血清疗法

采取感染母猪或育肥猪的血液分离血清，给本场断奶猪皮下或肌内注射，也可做腹腔注射。

2. 生物疗法

采用感染猪的粪便，或死胎的胃肠切碎后饲喂母猪，在配种前后均可试喂，这种方法不仅可以预防本病，也可以保护胎猪和增强哺乳子猪的抗病能力。对其他肠道病毒引起的繁殖障碍疾病，也有较好的预防效果。但此法只限于疫场内试用。

3. 综合防制措施

因该病毒的特异性，目前国内外尚无有效猪圆环病毒2型疫苗进行预防接种，只能采取综合防治对策。由于本病多以混合感染形式出现，要依猪群血清学检验结果，有计划地做好有关疫病的免疫接种。

断奶猪多系统衰竭综合征的病原为猪圆环病毒2型，但多与猪的其他病原混合感染,最常见的由猪圆环病毒2型与猪繁殖与呼吸障碍综合征病毒混合感染,因此做好PRRS免疫成为重要手段,可选用中国农科院哈尔滨兽医研究所研制的PRRS灭活苗(4毫升/头)为妊娠母猪注射,20日龄再注射4毫升,以后每过6个月注射1次,对假定子猪群选用PRRS弱毒疫苗效果比较理想。

加强饲养管理,减少环境应激,降低饲养密度,控制温度的变化,有害气体贼风的危害。

实行"全进全出"的饲养制度,不同来源、不同周龄的猪不可混群饲养。

注意控制饲料中的霉菌,减少霉菌毒素造成的免疫抑制。

在产后6小时内食尽可能多的初乳,以便获得更高的母源抗体。

采用饲料中添加药物的方法进行防治方案,母猪可在产前产后1周饲料中加入抗毒Ⅰ号,子猪断奶后料中加入抗毒Ⅰ号及复方羟氨苄青霉素,连用1周。

严格的清洁和消毒措施可有效地降低该病的发生,建议碘力杀全场消毒,每3天1次。

十二、子猪大肠杆菌病

猪大肠杆菌病是由致病性的埃希大肠杆菌引起的猪的多种临床表现的统称。通常以子猪黄痢、子猪白痢和子猪水肿病为典型代表,是危害子猪正常生长发育的一个重要疾病。本病与多种因素有关,遍及世界上许多养猪地区。

(一)子猪黄痢

子猪黄痢是由一些血清型的大肠杆菌引起的初生子猪的一种急性、致死性传染病。主要特征为发病子猪排出黄色稀粪和急性死亡,剖检可见肠炎和败血症变化,有的无明显病变。

可引起子猪黄痢的大肠杆菌血清型很多,各地区和各猪场有差异,菌株大多可产生肠毒素,引起子猪发病和死亡。

【流行特点】

本病的传染源主要是带菌母猪,它们通过粪便排出大量病原菌污染母猪乳头和皮肤、猪舍、用具、食槽、饮水器等环境,子猪出生后,通过吸母乳和舔吸母猪皮肤而感染大肠杆菌而引起发病。下痢子猪由粪便排出病原体,污染饲料、饮水用具及环境,再传染其他母猪和子猪。

子猪黄痢主要发生于出生后数小时至5日龄内的子猪,以1~3日龄最为多见,1周龄以上的子猪很少发病。在产子季节,发病窝数多,同窝子猪发病率很高,可达90%以上,死亡率也很高,有时可致全窝死亡。本病尤以头胎青年母猪所产子猪的发病率最高,发病急,病死率高。

本病除了单独发生外,还常与轮状病毒、冠状病毒以及球虫混合感染,加重生产损失。如果母猪群发生蓝耳病等其他热性传染病后再继发感染大肠杆菌,损失更大。饲养管理不良,环境卫生条件差,常诱发该病。

本病一年四季都可发生。

【临床症状】

初生子猪出生时还健康,快者数小时发病和死亡。病初仅1~2头子猪全身衰弱,很快死亡。其他子猪相继发生腹泻,粪便呈黄色糊状,带有凝乳小片。当子猪挣扎和鸣叫时,可见从肛门冒出水样稀粪。病子猪很快脱水、眼窝下陷、迅速消瘦,昏迷而死。有时全窝死光。

【剖检病变】

病死猪严重脱水、消瘦。后躯污染黄色稀粪。肌肉和皮肤苍白。小肠急性卡他性炎症,黏膜红肿、充血或出血;肠壁变薄,松弛。胃黏膜发红。肠系膜淋巴结肿大。心、肝、肾变性,严重者有出血点。

【诊断要点】

一般依据流行特点、临床症状和剖检病变可以做出初步诊断。必要时做细菌分离与鉴定,可取小肠前段内容物,接种于麦康培养基上,取红色菌落做进一步培养和生化试验,可用大肠杆菌因子血清做血清型鉴定。

【防制措施】

1. 平时的卫生消毒和饲养管理

做好猪舍、环境的卫生及消毒工作,特别是产房及母猪的清洁卫生和护理工作。接产前对母猪乳房(每个乳头)和后躯的擦洗和清洗,可以收到很好的预防效果。

2. 母猪的免疫接种

对于常发地区和猪场,可用大肠杆菌K88、K99、987p 三价灭活菌苗,或K88、K99 双价基因工程菌苗在怀孕母猪产前1个月进行免疫接种,这样子猪可通过母源抗体获得被动保护,可防止子猪发病。

3. 药物防治

可在初生子猪生后未吃奶前,全窝口服抗菌药物,连用3天,以防止发病。也可在子猪吃奶前试用活菌制剂,如调痢生(8501)、促菌生等。

4.其他预防方法

可用猪场淘汰母猪的全血或血清,给初生子猪口服或注射,有一定的预防效果。可用猪场发病子猪的粪便或小肠内容物给初产母猪口服,效果较好。

(二)子猪白痢

子猪白痢又称迟发性大肠杆菌病,临床上以 10～30 日龄的子猪常见,其特征是发病子猪下痢、排出灰白色粥状粪便,剖检病变为肠炎变化。本病对养猪业的危害十分严重。

【流行特点】

大肠杆菌广泛存在于养猪环境,通过消化道吃进大肠杆菌,在子猪抵抗力降低或消化机能障碍时引起发病。本病发生于 10～30 日龄的子猪,以 2～3 周龄多发。发病率较高,死亡率较低,但会严重影响猪的生长发育。

本病一年四季都会发生,但一般以严冬、早春及炎热季节发病较多。

饲养管理和卫生方面的不良因素是诱发该病的重要因素。母猪饲养管理不好、饲料质量差、突然换料、缺乏微量元素和维生素、缺乏运动等,都可引起母猪体质减弱和消化失常,泌乳因过多或过少、过浓或过稀导致乳质不好,引起子猪消化障碍而发病;母猪瘦弱、胎次多、初产而乳量不足或乳汁质量差的母猪所生子猪,因母性不好而吃奶不足的子猪,以及同窝弱小的子猪,均容易发生该病。猪舍潮湿阴寒,缺乏垫草,粪便不及时清除,圈舍过小,拥挤等都可导致子猪的抵抗力下降而发病。母猪乳头太脏、供水不足、子猪喝粪尿水及脏水、天气突然变化等不良因素,可以促进本病的发生和传播。

【临床症状】

临床特征为突然发生腹泻,粪便呈糊状,乳白色、灰白色或黄白色,有腥臭味,有时混有气泡。病猪体温不高,精神比较好,有食欲,病猪弓背,被毛粗糙无光,发育滞缓,消瘦。如不及时采取措施,下痢可加重,重者引起死亡。

【剖检病变】

主要表现为卡他性胃肠炎,肠黏膜高度充血潮红,肠内有糊状并混有气泡的内容物,肠壁变薄,其他器官无明显变化。

【诊断要点】

根据该病的流行特点和临床症状,结合剖检病变,可以做出初步诊断。如必要时可做细菌分离与鉴定。

【防制措施】

1. 治疗

本病早期及时治疗可收到较好效果。采取抑菌消炎、收敛、助消化等治疗措施,同时改善饲养管理,提高子猪的抵抗力。用于治疗子猪白痢的药物很多,应因地、因时而选用。可选用白龙散、大蒜甘草液、金银花大蒜液、矽炭银、活性炭、调痢生(8501)、促菌生、补充硫酸亚铁或硒等,必要时给予抗生素如痢特灵、黄连素等。

2. 预防

对于该病的预防,应采取综合性防制措施。积极改善饲养管理和卫生条件,搞好经常性的预防工作。

(1)加强妊娠母猪和哺乳母猪的饲养管理 母猪饲养管理的好坏直接影响到子猪的健康状况,应合理调配饲料,使母猪在怀孕期及产后有足够的营养,以保持母猪泌乳量的平衡,防止乳汁过稀或过浓。在母猪产子前,将圈舍彻底清洗干净,用温水擦洗母猪乳房。淘汰年老和母性不强的母猪。

(2)做好子猪的饲养管理工作 在冬春季产子要注意产子房的防寒保暖,早期进行补料,以促进子猪消化器官的早期发育,防止异食。

(3)改善猪舍的环境卫生 药物预防时可在子猪未吃初乳前,投以助消化、抗菌、消毒药物,也可给母猪投服。

(三)猪水肿病

猪水肿病是由致病性大肠杆菌的毒素引起断奶子猪的一种急性散发性疾病。其特征为突然发病,运动共济失调,惊厥,局部或全身麻痹及头部水肿,剖检病变为头部皮下、胃壁和结肠间膜水肿。此病是我国养猪生产中的常见病,死亡率高,是断奶子猪危害较严重的疾病。

【流行特点】

大肠杆菌在部分健康母猪和感染子猪的肠道内存在,随粪便排出体外,污染饲料、饮水和环境,通过消化道感染。

本病主要发生于断奶子猪,大多是体格健壮、营养优良的子猪发病,常突然发病,迅速死亡。其发病率差异很大,但致死率很高(可达80%～100%)。一般不广泛传播。

子猪断奶前后,由于饲料的急剧改变导致胃肠机能紊乱,容易诱发本病。此外,圈舍卫生不良、饲养管理不善或饲料缺乏维生素和矿物质等,可引起肠道微生物区系的变化,促进了某些微生物的生长繁殖,继而引起发病。

【临床症状】

该病多见于断奶 5 ~ 10 天的子猪,以体况健壮、生长快的子猪多见。临床特征为面部浮肿,脸、眼睑、结膜浮肿,有时波及颈部和腹部皮肤。病猪沉郁,食欲减少,静卧一隅,肌肉震颤,抽搐,四肢呈游泳状划动,角弓反张,四肢无力,共济失调,盲目前进或转圈。

【剖检病变】

主要病变是水肿。病死猪上下眼睑、下颌部、头颈部水肿,皮下有大量胶冻状渗出物。胃壁大弯和贲门部水肿增厚,黏膜层下有胶冻样渗出物。结肠肠间膜及其淋巴结水肿,整个肠间膜凉粉样,切开有多量液体流出,肠黏膜红肿,有肠炎变化。大肠系膜水肿增厚。肺水肿,心包和胸腹腔积液,呈无色或淡黄色,暴露于空气后则形成胶冻状。小肠黏膜弥漫性出血。

【诊断要点】

根据该病的流行特点,临床症状和剖检病变,可以做出诊断。必要时进行细菌分离培养和血清学鉴定。

【防制措施】

1. 治疗

对该病的治疗方法不少,但效果都不确定。主要采取对症疗法,在发病初期,可投服适量缓泻盐类泻剂,促进胃肠蠕动和分泌,以排出肠内容物;使用利尿、强心镇静及消除水肿的药物;也可使用一些敏感的抗菌药进行治疗。

2. 预防

主要加强断奶后子猪的饲养管理,要提早补料,断奶要逐渐进行,更换饲料不要太突然,以使子猪有一个适应过程。饲料喂量逐渐增加,防止饲料单一或过于浓厚,增加维生素丰富的饲料。猪舍要干燥、清洁,消除致病的应激因素。可在饲料中添加新霉素、土霉素等抗菌药物,有一定的预防作用。

十三、副猪嗜血杆菌病

猪副嗜血杆菌病又称猪格拉泽病,是由猪副嗜血杆菌引起猪的多发性浆膜炎和关节炎的细菌性传染病,主要引起肺的浆膜和心包、腹腔浆膜及四肢关节浆膜的纤维素性炎症为特征的呼吸道综合征。易感动物主要为 2 周龄至 4 月龄的青年猪,尤其是哺乳子猪、断奶后 10 天左右的猪更易发生,病死率可达 50%。本病一般呈散发,也可呈地方流行性。饲养管理不善、空气污浊、饲养密度过大、长途运输、天气骤冷等应激因素都可引起本病的暴发,并使病情加重,因此应激因素常是本病发生的诱因。

【临床症状】

子猪感染霉形体、蓝耳病时该病则较易发生和流行,多呈继发和混合感染。病猪体温升至40℃以上,食欲不振,精神沉郁,有的可见关节肿大、疼痛,一侧性跛行。驱赶时患猪发出尖叫声,侧卧或颤抖、共济失调。患猪逐渐消瘦,被毛粗乱,起立采食或饮水时频频咳嗽,鼻孔周围附有脓性黏稠分泌物。后期表现为腹式呼吸,可视黏膜发绀,最后因窒息和心衰而死。少数病例还可表现神经症状。

【诊断要点】

发烧、消瘦、松毛,腹式呼吸,剖检心包粘连,严重者胸、腹腔广泛粘连,而肺的病变不严重。确诊需借助实验室检测手段。

病料送检:可采病猪的心、肺、淋巴结,粘连的肝、脾等。由于病原易于死亡,最好是当天送检。

【防制措施】

1. 加强饲养管理

后备猪隔离饲养需6周以上才能进入生产线,保育舍做到"全进全出",加强空栏消毒。肉猪宜在进苗初期即开始预防用药,同时加强病猪护理与营养。及时地将病猪隔离,有助于减少本病的传播。

2. 免疫预防

有进口与国产的灭活苗上市,目前成本还比较贵,有本病流行的地区可选择性试用。

3. 药物预防与治疗

(1)全群治疗 可使用氟甲砜霉素类(原粉浓度50～100克/吨),泰农(原粉浓度200克/吨),支原净(原拌粉浓度200克/吨),先锋类、磺胺及增效剂拌料或饮水,连用5～7天。

(2)个别治疗 将病猪及时隔离,使用庆大霉素、卡那霉素、丁胺卡那霉素、环丙沙星、恩诺沙星、氟甲霉素类、增效磺胺等,连用4～7天。

十四、猪附红细胞体病

是由附红细胞体寄生于猪、畜、人红细胞表面或血浆中,引起的人畜共患的寄生虫病。任何日龄的猪均可发病,比较而言,子猪、育肥猪多发,种猪相对发病较少,其中哺乳子猪的发病率和死亡率较高,被阉割后几周的子猪尤其容易感染发病。猪附红细胞体病全年均可发生,但秋季多发,每年的 8～9 月发病达到高峰期,这与吸血昆虫的叮咬有关。目前在流行地区,猪附红细胞体病感染率极高,可达 90% 以上,但多为隐性感染,在不利饲养条件(气候恶劣、饲养管理不善、圈舍环境差、营养不良等)或感染其他疾病时导致发病,表现出临床症状。常与猪弓形体病、副伤寒、大肠杆菌、链球菌、猪瘟等病并发。

【临床症状】

猪感染附红细胞体后,多呈隐性经过,当疾病、饲养管理不善等应激因素可引起猪群抵抗力下降,暴发本病。潜伏期一般为 6～10 天。

1. 子猪

子猪感染发病后症状明显,常呈急性经过,发病率和死亡率较高。发热可达 42℃,食欲不振,早期可能皮肤发红,病程变长后可表现贫血,可视黏膜苍白,有时有黄疸,背腰及四肢末梢淤血,特别是耳郭边缘发绀,严重时发生坏死。慢性病例可见全身变态反应性红点。

2. 母猪

多于分娩后表现症状,厌食,发烧达 41℃ 以上,乳房或外阴水肿,泌乳性能差。感染母猪可发生繁殖障碍,表现为早产、产弱子和死胎。母猪的受胎率降低、不发情或发情期不规律。

3. 育肥猪

急性型表现为发烧至 40.5℃ 以上,皮肤潮红,采食减少,精神不振,耳、臀部及全身皮肤出红点,绿豆大小,突出于体表;之后可表现为拉稀,从灰色糊状开始,之后粪便变黄,较为顽固;再后可拉出蛋清样物质,对症治疗常不易康复。耐过猪长速变慢。亚急性或慢性型可表现为耳郭与四肢末端暗红,温度较其他地方为低,严重时发生耳郭坏死。时间延长(或用药治疗后)可能表现为苍白,可视黏膜贫血、黄疸。用药后可能好转或康复,但仍可复发,猪不易产生免疫力。

【诊断要点】

根据流行病学、临床症状和病理变化可以对本病做出初步诊断,但确诊需进行实验室诊断。

【防制措施】

1. 加强饲养管理

在强烈的应激(如转群、并栏、转料、天气剧变等)前预防应激用药。消灭蚊虫,猪场隔离舍与养户猪舍提倡点蚊香、喷灭虫菊酯等方法。注射针头消毒彻底,注射时尽量做到一头猪换一颗针头,至少一栏猪换一颗针头。做手术、阉猪、打耳标等严格消毒。

2. 药物预防与治疗

(1)全群治疗 四环素类(金霉素 600～1 000 克/吨、土霉素 800～1 500 克/吨、强力霉素 500～1 000 克/吨)拌料或饮水,有机砷制剂(阿散酸 300 克/吨以内、尼可苏 2 000 克/吨),附红克 500～1 000 克/吨拌料,连用 5～7 天。

(2)个别治疗 将病猪挑出放于病猪栏,集中加药(浓度同上)或使用针剂注射。

(3)可用的针剂 长效抗菌剂、盐酸强力霉素、贝尼尔针剂(血虫净)。

(4)对症治疗 喷消毒药于猪身(如 0.1% 的高锰酸钾、消毒灵、2% 敌百虫、硫黄水等)。针对过敏性皮疹,可使用地塞米松加维生素 C 注射或拌料。

(5)注意事项 如发病后需注射疫苗,最好是推迟 2 周以上,待病情控制后再补注。注射时必须严格换针头(至少做到一栏猪换一个针头),注射药物治疗时也应注意换针头,以免加快疫情的传播与发展。

十五、猪传染性胃肠炎

是由猪传染性胃肠炎病毒引起的一种急性、高度传染性的传染病。该病毒只感染猪。各种年龄的猪均有易感性,但 10 日龄以内子猪的发病率和死亡率较高。

【临床症状】

主要症状是发热,精神沉郁,排腥臭水样粪便,呕吐和高度脱水。该病的潜伏期随感染猪的年龄而有差异,子猪 12～24 小时,大猪 2～4 天。子猪先突然发生呕吐,接着发生急剧的水样腹泻,粪便为黄绿色或灰色,有时呈白色,并含凝乳块。部分病猪体温先短期升高,发生腹泻后体温下降。病猪迅速脱水,很快消瘦,严重口渴,食饮减退或废绝,一般经 2～7 天死亡。架子猪、育肥猪和成年猪的症状较轻,发生一至数日的减食,腹泻、体重迅速减轻,有时出现呕吐,带奶母猪泌乳减少或停止。一般 3～7 天恢复,极少发生死亡。本病的流行有严格的季节性,在我国北方多在冬春寒冷季节发病流行,最常见的是 12 月至翌年 4 月。

【诊断要点】

比较常用而准确的方法是免疫荧光抗体试验。取刚发病的急性期病猪的空肠,制成冰冻切片,用免疫荧光抗体染色,在荧光显微镜下检查,如胞浆内发现亮绿色荧光,即可确诊。此外,酶联免疫吸附试验、微量中和试验、间接血球凝集试验也是本病常用的血清学诊断方法。

【防制措施】

对本病尚无特效治疗方法,在患病期间大量补等渗葡萄糖氯化钠溶液,供给大量清洁饮水和易消化的饲料,可使较大的病猪加速恢复,减少子猪死亡。口服四环素、氯霉素、磺胺、黄连素、高锰酸钾等可防止继发感染,减轻症状。

寒冷季节产房内要保温防潮湿,尽量避免各种应激因素。猪场应与外界隔绝,全场人员进出生产区必须严格消毒。

用猪传染性胃肠炎、猪轮状病毒病二联活疫苗进行预防注射。每瓶疫苗用生理盐水稀释至 20 毫升,经产母猪和后备母猪在分娩前 1 周各肌内注射 1 毫升。新生子猪未哺乳前每头肌内注射 1 毫升,到 30 分后喂乳,免疫期 1 年。子猪在断奶前 7 ~ 10 天每头肌内注射 2 毫升,免疫期半年。架子猪、育肥猪和种公猪肌内注射 1 毫升,免疫期半年。

猪传染性胃肠炎与猪流行性腹泻二联灭活疫苗预防,妊娠母猪于产子前 20 ~ 30 天接种 4 毫升,25 千克以下体重猪 1 毫升,25 ~ 50 千克体重猪 2 毫升,50 千克以上猪 4 毫升。后海穴位注射。

十六、猪流行性腹泻

是由猪流行性腹泻病毒引起猪的一种高度接触性肠道传染病,病原称类冠状病毒。

【临床症状】

以排水样稀粪、呕吐、脱水为特征。哺乳子猪日龄越小症状越严重。病初体温升高或正常,精神沉郁,食欲减少,继而排水样粪便。呈灰黄色或灰色,粪便恶臭,有的吃奶后呕吐,吐出物含有凝乳块。病猪很快消瘦,后期粪水从肛门流出,污染臀部及尾。不食,不愿走动,通常 2 ~ 4 天内因脱水而死亡。断奶猪、育肥猪症状轻微,表现为厌食、腹泻、持续 4 ~ 6 天可自愈,但生长发育受阻。成年猪仅发生厌食和呕吐。

本病多发生于冬末春初寒冷季节,以 11 月至翌年 3 月发生较多。各年龄猪均可感染,但发病率和死亡率随猪龄的增长而下降。1 ~ 5 日龄内哺乳子猪感染率最高,病死率也最高,几乎 100%,断奶猪、育肥猪、种猪症状轻微,病死率很低。

【诊断要点】

实验室诊断技术：免疫荧光抗体技术、免疫电镜技术、ELISA 及人工感染试验。

【防制措施】

1. 加强饲养管理

严把引种关，杜绝从疫区引进猪。如发生该病，必须实行严格的隔离、消毒、定岗定场所等综合应急措施，同时必须要做好隔离带的标志工作。

在发病期间，畜舍、用具可用碱性药物进行消毒，同时尽量控制传染媒介（老鼠、蝇、鸟等）进入疫区。

2. 免疫预防

传胃－流行腹泻二联苗、传胃－轮状二联苗，流行性腹泻单苗，临床使用证明 3 种疫苗的免疫可有效预防本病的发生。各猪场须严格执行免疫程序，尤其做好后备猪的免疫工作，种猪场与商品场做好交接，严格按猪日龄进行免疫。为防免疫空档，最好由专人负责免疫，按时、按质、按量完成。

3. 药物预防与治疗

目前尚无特效药物治疗本病，主要是对症加强补液，必须进行全群补液结合个别口服补液。补液可使用人工盐（配方为：每 1 千克水加入葡萄糖 20 克、食盐 5 克、小苏打 2.5 克）、开食补盐、葡萄糖等，同时防止继发感染，特别是大肠杆菌的感染，可在饮水中加入链霉素、庆大霉素、卡那霉素、新霉素等。

也可使用痊愈母猪的全血或制备血清给刚产下的小猪口服，每头每天 5~10 毫升，有一定的预防和治疗效果。

针对流行性腹泻病例可以对怀孕母猪进行病料返饲（粪便与子猪内脏）的方法尽快控制疫情。

十七、猪痢疾

本病是由猪痢疾密螺旋体引起的猪肠道传染病。

【临床症状】

主要症状为黏液性或黏液出血性下痢，发病初期，少数猪未表现症状突然死亡。多数病猪表现不同程度的腹泻，先拉软粪，渐变为黄色稀粪，内混黏液或血。中后期粪便含有血液或血凝块，黑红色的脱落黏膜组织碎片。病猪消瘦、贫血、生长迟滞，饲料利用率降低。

本病无季节性，不同年龄，品种的猪均有易感性，以 2~3 个月龄子猪多发,发病起初呈急性暴发,后逐渐缓和为慢性,传播缓慢,流行期长,当受到猪舍卫生差、阴雨潮湿、气候多变、拥挤、运输、饥饱不均、饲料突变等应激因素时,均可促进发病,康复猪可带菌数月,成为传染源。康复后易复发。

【诊断要点】

根据本病的流行病学、临床症状和剖检病变可做出初步诊断,但确诊需依赖于实验室检查。病料涂片染色镜检,大肠黏膜或粪便抹片暗视野显微镜检查;病原培养分离与鉴定,动物试验。血清学试验:凝集试验、微量凝集试验、荧光抗体试验、酶联免疫吸附试验等方法。

【防制措施】

其中最常用的抗菌药物为痢菌净、二甲硝基咪唑、呋喃唑酮、痢立清。发病猪使用痢菌净,1次剂量为5毫升/千克体重,内服,每天2次,连服3天为1个疗程;或0.5%痢菌净溶液0.5毫升/千克体重,肌内注射。

至今国内外尚未研制成功预防本病有效菌苗。在饲料中添加上述药物虽可控制发病,但停药后又复发,难以根除。必须采取综合性预防措施,并配合药物防治,才能有效地控制或消灭本病。

严禁从疫区引进种猪,坚持自繁自养的原则。引种时必须隔离检疫。

在非疫区发现本病,最好全群淘汰,彻底清扫和消毒,并空圈2~3个月,再由无病猪场引进新猪,这样方能根除本病。

平时应加强饲养管理和清洁卫生,保持栏圈干燥、洁净,并实行"全进全出"的肥育制度。发病猪数量多、流行面广、难以全群淘汰时,对猪群采用药物治疗,并结合消毒、隔离、合理处理粪尿等措施,亦可控制或消灭本病。

有本病的猪场采用药物净化办法来控制,利用痢菌净拌料饲喂或内服,即每千克干饲料加1克痢菌净混合,连服30天;灌服0.5%痢菌净溶液,每千克体重灌服0.25毫升,每天灌服1次。结合消毒达到控制和净化本病的目的。

十八、猪细小病毒病

本病是由猪细小病毒感染所致。猪是已知的唯一的易感动物。不同年龄、性别的家猪和野猪都可感染,尤以初产母猪为典型。本病既可水平传播,又可垂直传播。一般经口鼻为主传播。带毒种公猪可通过交配传染母猪,怀孕母猪也可通过胎盘感染胎猪。鼠类也可机械性带毒散毒。本病可见于一年四季(尤其是规模化猪场),但农村散养为主的地区,仍为春、秋两季产子多时多见。

【临床症状】

子猪和母猪感染后通常表现为亚临床感染。主要症状为病猪母源性繁殖障碍。妊娠初期(10~30天)的母猪感染后,可能重新发情而屡配不孕,或窝产子数明显减少。妊娠中前期(30~50天)感染,分娩时大部分胎儿为木乃伊。回顾性分析可知,怀孕过程中怀孕母猪腹围逐渐缩小。妊娠中期(50~60天)感染时,大部分胎儿为死胎。妊娠70天时感染,母猪主要表现为流产。妊娠70天后感染,此时的胎儿已具备部分免疫应答能力,能产生抗体,因此不宜送检以分离病毒。

病猪除了流产、死产、木乃伊胎、弱子、不孕等症状外,个别母猪体温升高,后躯不灵活。子猪有腹泻、皮炎等表现。而对种公猪的性欲和精子活力无明显影响。

【诊断要点】

如果分娩死胎、未见流产或胎儿发育异常等症状的同时,母猪没有明显的临床症状(以初产母猪为多),且有传染性证据时,即可怀疑本病。但最后确诊必须依靠实验室化验。常需送检的病料包括木乃伊(体长<16厘米)、母猪血液等。大于70日胎龄的胎儿或初生子猪不宜送检。

常用诊断方法包括病毒分离、聚合酶链式反应检测、免疫荧光抗体试验和血凝抑制试验。

【防制措施】

本病无有效的治疗方法。

1. 坚持自繁自养,以防引入带毒猪

引进新种猪时,应加强检疫,不从疫区进猪。血凝抑制试验效价低于1:256或呈阴性时方可进猪。

2. 免疫接种

应用疫苗免疫接种是控制该病的主要措施。在疫区,初产母猪配种前2个月进行猪细小病毒弱毒疫苗或灭活疫苗接种,保证其产生足够的抗体,以保护胎儿不被侵害。也可采取自然感染初产母猪,可把多次经产的老母猪放入后备猪群中混养,或用排毒猪的粪便饲喂后备猪群。

十九、猪沙门菌病

沙门菌是典型的肠杆菌科菌属,本病一年四季均可发生,多雨潮湿季节更易发,在猪群一般散发或呈地方流行。

【临床症状】

猪沙门菌病的临床症状为败血症及小肠结炎。

【防制措施】

目前还不能有效预防猪感染沙门菌的发生。感染并不一定会导致疾病的发生,猪接触细菌后又经过一段时间的应激作用才会发病。控制疾病的发生依赖于使猪对病菌的接触为最低量,并使猪的抵抗力达最高水平。猪最容易在应激时以及接触了极大量的沙门菌时发病。尽量减少与沙门菌暴发有关的应激因素,需时时注意各方面管理、饲养中的细小环节,包括适当的猪饲养密度,干燥、舒适的猪栏及温度,以及何时通风等。对有疫病发生过的猪场,除采用预防药品措施外,改善猪场设施及环境,采取"全进全出"的饲养方式是必需的。

对常发本病的猪群,可在饲料中添加抗生素(常用的有土霉素、新霉素、强力霉素),但应注意地区抗药菌株的出现,发现对某种药物产生抗药性时,应改用另一种抗生素。

发病后,要及时将病猪群隔离治疗,对污染场地及用具应全面消毒,细菌可被一般消毒药(酚类、氯制剂和碘制剂)杀灭。

【治疗】

治疗猪沙门菌病常用药物有:胺卡霉素、庆大霉素、新霉素、卡那霉素、痢特灵、磺胺类和喹诺酮类药物。不管是败血性还是肠炎型沙门菌病,对其治疗旨在控制其临床症状到最低程度,防止此病及细菌感染的传播,并防止其在猪群中再发。对病猪的治疗,应在隔离消毒、改善饲养管理的基础上尽早进行。其疗效决定于所用药物对细菌的作用强度、用药时间、剂量和疗程长短等。连续用药七天后大多数子猪痊愈,治愈率达到90%。治疗坏死性肠炎需要时间较长,若中途停药,往往会引起复发而死亡。

在临诊上,已治愈的猪多数为带菌者,应继续隔离肥育,慢性病猪愈后多生长不良,要及早淘汰。不可宰食病、死猪,以免污染环境并引起食物中毒。健康猪可饲喂土霉素等饲料添加剂,起防病促生长作用。

二十、猪梭菌性肠炎

猪梭菌性肠炎也称子猪红痢或子猪传染性坏死性肠炎,是由 C 型产气荚膜梭菌(曾称魏氏梭菌)引起的子猪肠毒血症。主要侵害新生 1~3 天的子猪。

【临床症状】

最急性的临床症状多不明显,一发现打蔫拒食等症状即迅速死亡。病子猪主要症状是排出红褐色血性稀粪,含有少量灰色坏死组织的碎片和气泡,腥臭味,后肢沾染血样便。有的病猪呕吐、尖叫而死亡,发病率40%～50%,致死率可达100%。

【诊断要点】

根据多发于出生后3天子猪,呈现血痢、病程短促、很快死亡、感染率高,一般药物和抗生素治疗无明显效果,剖检见出血性肠炎等病理变化做出诊断。细菌学检查方法:肠内容物涂片镜检、肠内容物毒素检查、细菌分离鉴定等。

【防制措施】

本病发病迅速,病程短,发病后用药物治疗往往疗效不佳,必要时可用抗生素对刚出生的子猪口服,每天2～3次,作为紧急药物预防。

预防子猪红痢的最有效的方法是给怀孕母猪注射菌苗,子猪出生后吮食初乳就可以获得免疫。目前有采用C型魏氏梭菌C_{59-2}制成C型魏氏梭菌福尔马林氢氧化铝菌苗,临产前1个月进行免疫,两周后重复免疫1次。子猪出生后也可注射高效价的抗毒素3～5毫升,可有效预防本病的发生,但注射要早,否则效果不佳。

第三节　猪常见寄生虫病控制

一、猪蛔虫病

猪蛔虫寄生于猪小肠内引起的疾病称猪蛔虫病。猪蛔虫粉红稍带白色,圆柱状,体表光滑,雌雄异体,雌虫长120～250毫米。猪蛔虫繁殖力强,1条蛔虫一生产3 000万个虫卵。猪蛔虫病主要发生于6月龄以内子猪和育肥猪,引起猪消瘦、毛粗,发育不良。猪蛔虫病在世界各地广泛流行,一年四季均可发生。感染途径是经口感染,虫卵被猪吞食,在猪体内发育为成虫再产卵排卵,需要2个月。

【临床症状】

幼虫侵入肠壁,肠黏膜出血水肿,大量幼虫在猪体内移行至肝脏,肝表面有白色点状及白色斑纹。幼虫在肺,引起肺出血、水肿和肺炎。寄生在小肠内的蛔虫,虫体数量多,堵塞肠管。成虫分泌毒素,引起中毒症状,如痉挛、兴奋和麻痹。患猪可出现咳嗽,食欲减退,呼吸急迫,日渐消瘦,发育停滞,严重的发生下痢,食欲废绝,甚至死亡,给养猪业带来严重经济损失。

【诊断要点】

粪便直接涂片镜检可看到蛔虫虫卵,饱和盐水漂浮法及计数法、皮内接种变态反应试验等方法。

【防制措施】

1. 搞好猪舍的清洁卫生,常打扫粪便,将猪粪堆积发酵,生物热处理,消灭虫卵。防止饲料和水源污染。

2. 成年猪于每年春秋两季各驱虫 1 次。春产子猪在 35~40 日龄时进行第一次驱虫,以后每隔 1.5~2 个月驱虫 1 次,直到 6 月龄。

治疗

(1)敌百虫　每千克体重 0.1 克,1 头猪总量不要超过 7 克,均匀拌入饲料内,一次喂服,应采取饥饿一顿的方法。猪群驱虫,要防止个别猪吃药过多中毒,而个别猪吃药太少又起不到驱虫作用。

(2)5% 磷酸左咪唑注射液　每千克体重 6.8 毫克,肌内注射。粉剂,每千克体重 8 毫克,拌入少许饲料中,一次喂服。

(3)灵特　每千克体重 5 毫克,拌饲料中,一次喂服。

(4)丙硫苯咪唑　每千克体重 10 毫克,拌饲料中,一次喂服。

(5)驱虫精　每头子猪 0.5~1 毫升,一次擦耳。

(6)氟苯哒唑　每千克体重 5 毫克,拌饲料中,一次喂服。

(7)噻嘧啶　每千克体重 20~30 毫克,拌饲料中,一次喂服。

二、猪旋毛虫病

旋毛虫病是由毛线属的旋毛虫所致的一种人畜共患寄生虫病。旋毛虫雌雄异体,胎生,成虫与幼虫寄生于同一个宿主。旋毛虫病世界各地均有发生,猪、犬、鼠、猫、狐等 49 种动物及人都是宿主。传染途径是吃了生的含有孢囊的肉。

【临床症状】

猪对旋毛虫有很大耐受力,自然感染,常不显症状。人工感染的猪,食欲减退,呕吐,腹泻等。幼虫进入肌肉,引起肌炎,表现疼痛、麻痹、运动障碍、消瘦、声音嘶哑、呼吸、咀嚼及吞咽障碍。

【诊断要点】

肉品检查和镜检定性确诊。患病猪常在屠宰检疫时发现,取样进行压片镜检方法:猪膈肌角剪24个麦粒大肉片,压片镜检,发现包囊梭形或幼虫;消化法,取肉样,人工消化液消化,沉渣处理后镜检幼虫;动物接种试验,将肉样经口感染小白鼠,剖解。肌肉压片法检查幼虫,免疫学检查。

综合防制措施

1. 预防

严格执行肉品卫生检疫条例,检疫出来的肉品按规定处理。人不许吃生猪肉。加强猪舍卫生清洁,设置微生物学的屏障,在猪场内灭鼠。防止啮齿动物等进入猪圈和粮仓,以免其粪便污染猪舍。禁止用泔水和生肉喂猪。

2. 治疗

(1)丙硫咪唑　每千克体重80～100毫克,一次内服。

(2)噻苯咪唑　每千克体重50毫克,内服,连服5～10天。

(3)磺苯咪唑　每千克体重30毫克,肌内注射,每天1次,连用2天。

(4)氟苯咪唑　每千克饲料加入125毫克,混匀,连喂10天。

三、猪疥螨病

猪疥螨病又称疥病或螨病,是疥螨寄生于猪的表皮内引起的一种接触性传染性皮肤病。

【临床症状】

疥螨病为世界性疾病,猪疥螨雌雄异体,虫体似龟形,虫长0.226～0.506毫米,肉眼不易看见,借助放大镜或低倍显微镜才看得清楚。猪疥螨是不完全变态反应的节肢动物。病猪以剧烈瘙痒为特征,精神不安,常在圈舍、栏柱上或相互摩擦,食欲降低,生长缓慢,体表常被覆一层痂皮,严重时形成僵猪或死亡。饲养管理差,卫生状况不好,瘦弱猪,更易遭疥螨的侵害。

【诊断要点】

根据临床症状初诊。实验室检查:在病与健康处皮肤刮取新鲜痂皮,放在黑玻璃上,微加热,放大镜可看到疥螨爬动;刮取物在低倍显微镜下,可看到疥螨;沉渣物显微镜检查,发现成虫、幼虫、虫卵即可做出诊断。

【防制措施】

1. 预防

对患疥螨病猪必须及时隔离治疗,治愈后才许混群饲养。新引进的种猪,需隔离观察 1 个月以上,证明健康才可进入生产区。

2. 治疗

猪疥螨病的治疗方法较多。目前较为理想的药物是伊维菌素及其类似物。市场上进口的伊维菌素有注射剂和粉剂两种,注射剂按 300 微克/千克体重皮下注射一次,口服剂按 100 微克/千克体重的剂量连续饲喂 1 周,效果可靠,但价格较高。国产的阿维菌素也有注射剂和粉剂,注射按 1 毫升/33 千克体重,粉剂按 15~20 克/千克体重口服也有较好的治疗效果,且价格适宜。

四、细颈囊尾蚴病

细颈囊尾蚴病是泡状带绦虫的幼虫,寄生在猪、牛、羊等动物内脏的寄生虫病。细颈囊尾蚴病呈世界性流行,成虫是泡状带绦虫,寄生在犬、狼等食肉动物的小肠内,猪感染普遍。

【临床症状】

成虫长 1.5~2 米,由 250~300 个节片构成。孕卵节片随粪便排出。节片破裂,散出虫卵,污染饲料、饮水、青草等,被猪、牛、羊食入,释放出六钩蚴,钻入肠壁,随血流至肝,发育为成熟的囊尾蚴。从肝表面落入腹腔,附着在肝脏、浆膜、网膜、肠系膜等处,形成细颈囊尾蚴。囊泡内有透明液体,豌豆大至鸭蛋大,内有一细长颈部和头节。被犬等食入,在小肠内发育成泡状带绦虫。六钩蚴在肝脏移行时,损伤组织,肝脏发生炎症。移行至腹腔,个别出现腹膜炎。寄生量少时,症状不明显。寄生量多,患猪消瘦,虚弱,黄疸,影响生长发育。

【诊断要点】

免疫学诊断法:用酶标试剂盒,提高了诊断的特异性。

【防制措施】

1. 预防

禁止犬进入猪、羊、牛屠宰场,不许犬进猪舍,更不能将带有囊尾蚴的肉喂犬。摘净各脏器的虫体,连同废弃物销毁。

2. 治疗

每千克体重 100 毫克吡喹酮,用液体石蜡配成 20% 溶液,给猪深部肌内注射,两天后重复注射 1 次。口服法,每千克体重 200 毫克拌在饲料中 1 次喂服。

五、猪囊虫病

猪囊虫病，又叫猪囊尾蚴病，是有钩绦虫的幼虫－猪囊尾蚴，寄生在猪的肌肉组织内的一种寄生虫病。人也可患囊虫病。

【临床症状】

猪体内囊虫数量少时，没有明显的临床症状，比较严重时患病猪表现营养不良，生长发育停滞，贫血、水肿。寄生在眼内时表现金鱼眼，视力障碍，甚至失明。寄生在脑内，出现癫痫，甚至患猪死亡。患病猪肩胛部宽大超出正常范围，有轻度浮肿，而屁股狭窄，似雄狮子。当寄生在咽喉部时，猪叫声嘶哑，呼吸困难，喘息如拉风箱声，呼吸粗厉，特别是伴有鼾声。在安静睡眠状态下，可看到咬肌和肩胛部皮肤呈有节奏的颤动。股内侧肌肉触摸有颗粒状硬结。

【诊断要点】

屠宰猪头部的咬肌和肉尸检疫的腰肌或其他脏器在检疫时可发现囊虫。

对常发囊虫病地区抽检，开展血清学检查及屠宰猪病理学检查确诊。

【防制措施】

1. 预防

做到人有厕所，猪有圈，不吃未煮熟的猪肉。

加强肉品卫生检验、检疫，对检疫出来的病猪，必须按照国家肉食品卫生规定标准进行处理，严防病猪肉流入消费者手中。

2. 治疗

（1）吡喹酮　每千克体重60～100毫克，肌内注射或皮下注射。片剂，每千克体重50毫克，内服，每天1次连服5天。

（2）复方吡喹酮　每千克体重80毫克，1次多点肌内注射。

（3）氟苯咪唑　每千克体重60毫克，内服，每天1次，连服4天。

六、猪钩端螺旋体病

钩端螺旋体病又称猪的传染性黄疸病，是由钩端螺旋体引起人畜共患传染病。

【临床症状】

各种年龄的猪都可感染本病。一年四季均可发生，7～10月为流行高峰。其临床主要表现为发热、黄疸、水肿、贫血、血色素尿、黏膜及皮肤坏死。

【诊断要点】

根据临床症状及病死猪剖检变化初诊。实验室细菌学检查、血清学试验、动物接种试验及多价苗接种试验确诊。

【防制措施】

1. 预防

钩端螺旋体多价菌苗免疫,15千克体重以下3毫升,15～40千克5毫升,40千克以上8～10毫升。皮下注射,免疫预防。

2. 综合防制措施

不从疫区购买种猪,以防止本病传入。发现钩端螺旋体病时,必须立即隔离病猪,进行治疗。消灭鼠类,杜绝传染源。严格消毒制度。

3. 治疗

(1)土霉素注射液　肌内注射,每千克体重50毫克,每天1次,连用5天。土霉素粉剂每千克饲料中添加0.75～1.5克,连喂7天。

(2)链霉素　每千克体重25毫克,肌内注射,每天2次,连用5天。

(3)安钠咖　注射液5～10毫升,肌内注射。

第四节　猪其他常见病控制

一、子猪贫血

本病主要是指子猪缺铁引起的营养性贫血,因此又称为缺铁性贫血。由于子猪生长快,血量也迅速增加,而铁是生成血红蛋白的重要原料,铁的需要量大而供应不足常导致本病。多发生于15天至1月龄哺乳子猪。

病猪精神沉郁,活动力显著下降,食欲减退,呼吸加快,体温正常。随病程发展,病猪消瘦,被毛粗乱,怕冷寒战,皮肤及可视黏膜苍白及轻度发黄,呼吸明显增快,体温低于正常。部分病猪后期拉稀。最后精神进一步沉郁,食欲废绝,皮温下降,常突然死亡。

【预防】

妊娠母猪日粮,必须满足铁的需要。常用的有硫酸亚铁、柠檬酸铁及葡萄糖酸铁制剂等。7日龄子猪必须补料,从饲料中获得铁的补充。

【治疗】

发现有发病猪应全群补铁治疗,口服常用硫酸亚铁,注射铁剂常用铁钴针

177

注射液、右旋糖酐铁注射液及血多素注射液等。

二、子猪便秘

【病因】

便秘主要是肠内容物停滞而引起的。其病因主要是管理不当,如长期饲喂单一粗纤维饲料(例如草粉、米糠、蒿秆粉、藤秸粉、稻壳糟等),而缺乏青绿多汁饲料;饮水不足,缺乏运动;饲料喂量过少,处于饥饿状态;肠管机能降低;结肠内容物浓缩,干燥,变硬,秘结。

【临床症状】

患病猪采食量减少,屡屡想喝水,精神不振,喜卧,有时呻吟。病初排粪干燥少量,呈颗粒的球状,类似羊粪蛋,粪球上面附着灰色黏液,有的附有血液。之后,排粪停止,直肠积粪,腹围明显增大。触摸腹部有痛感。便秘的肠管压迫膀胱,可发生尿闭。

【防制措施】

1. 预防

加强饲养管理,要经常饲喂青绿多汁饲料,合理搭配青绿饲料与草粉、粗糠及供应充足的饮水。

2. 治疗

硫酸钠或硫酸镁 50 ~ 100 克,任选一种,水 300 ~ 1 000 毫升,液体石蜡 100 毫升,混合,一次胃管投服。

花生油、蓖麻油、豆油任选一种,取 100 毫升,加水适量,一次胃管投服。

硫酸钠 15 克、大黄 15 克,共研细末,加蜂蜜 100 毫升,一次内服。

有腹痛症状的患猪,安乃近注射液 5 ~ 10 毫升,肌内注射。

10% 氯化钾注射液 5 ~ 10 毫升,后海穴位注射,每天 1 次,连用 2 天。

三、子猪消化不良

子猪消化不良是由于消化机能紊乱引起以腹泻为主要特征的疾病。大多因饲养不当引起。如饲喂过多蛋白质、脂肪和糖饲料,易导致消化不良;饲喂条件突然改变,饲料温度变化,饮水不洁等,也可致使猪消化功能紊乱,胃肠黏膜表层发炎,引起消化不良。另外,某些热性病或胃肠道寄生虫病等也常继发消化不良。

生猪标准化安全生产关键技术

【临床症状】

病猪不爱吃食,精神不振,咀嚼缓慢,饮水增加,口臭,有舌苔。体温一般无变化。子猪以排灰白色带黏液条状粪便或黄绿色稀粪为主,严重的排水样粪便,排粪次数增多,一般无异常恶臭。较大的猪以腹胀、排粪较干燥带黏液和未消化的饲料为主要症状。重症病例有时出现腹痛、腹胀和呕吐,呕吐物酸臭。粪便干硬,有时腹泻,粪内混有黏液和未消化的饲料。

【预防】

改善饲养管理,合理调配饲料,定时、定量、定食温饲喂,保证饲料卫生质量和充足的清洁饮水。

【治疗】

病猪少喂或停喂一两天,改喂容易消化的饲料。药物治疗以清肠止酵、调整胃肠功能为主。

常用硫酸钠(镁)或人工盐30~80克,植物油100毫升内服,鱼石脂2~5克,或来苏儿消毒液2~4毫升,加水适量,一次内服。

应用各种健胃剂,如酵母片或大黄苏打片2~10片,混于少量饲料内喂给,1天2次;或大黄末8克,龙胆末8克,碳酸氢钠16克,分为4包,1天2次,每次1包;或用紫皮蒜10~20克,捣碎后加水适量,混于少量饲料中喂给。

病猪久泻不止或剧泻、剧呕时,必须消炎止泻、止吐,可口服抗生素或磺胺类药物(如庆大霉素、氨苄青霉素、复方新诺明、灭吐灵等),也可肌内注射呕泻宁或庆增安注射液2~5毫升,1天1~2次。磺胺脒每千克体重0.1~0.2克(首次倍量),分3次内服。也可用黄连素0.2~0.5克,一次内服,1天2次。硅酸铝5克,颠茄浸膏0.1克,淀粉酶1克,分3次1天内服或拌饲料中给予。对于脱水的患猪,应及时静脉补给5%葡萄糖液、复方氯化钠液或生理盐水等,以维持体液平衡。

四、子猪缺硒症

子猪缺硒症是由于饲料中硒或维生素E缺乏,或两者都缺乏引起的一种营养代谢障碍性疾病。7~60日龄子猪多发,成年猪也有发生。子猪缺硒主要表现为白肌病、子猪肝坏死和桑葚心等。

【临床症状】

1. 白肌病

白肌病即肌营养不良。多发于20日龄左右的身体健壮的子猪。发病急,精神不振,食欲减退,呼吸迫促,喜卧,体温一般无变化,常突然死亡。病程稍长者,后肢僵硬,弓背,行走摇晃,肌肉发抖,步幅短而呈痛苦状,部分子猪出现转圈运动或头向侧转,心跳加快,心律不齐,最后因呼吸困难,心力衰竭而死亡。

2. 子猪肝坏死

多见于3周到4月龄的小猪。急性型病猪多为发育良好、生长迅速的子猪,常在没有先兆症状下突然死亡。慢性型病猪,可出现抑郁、食欲减退、呕吐、腹泻症状,粪暗褐色,呈煤焦油状,有的呼吸困难,耳及胸腹部皮肤发粗。病猪后肢衰弱,臂及腹部皮下水肿,病程长者,多有腹胀黄疸和发育不良,冬末春初多发。

3. 桑葚心病

多见于外观发育良好的子猪,往往缺乏明显症状或仅在短时间内出现沉郁、尖叫,继而抽搐死亡。病程间缓者,可见厌食,不活泼,多躺卧,听诊心跳疾速,节律不齐,心内杂音,呼吸困难,发绀,强迫运动时常因心力衰竭而死亡。剖检可见心脏增大,呈圆球状,因心肌和动脉及毛细血管受损,致沿心肌纤维走向的毛细血管多发性出血,心脏呈暗红色,故称桑葚心。

成年猪硒缺乏症临床症状与子猪相似,但是病情比较缓和,呈慢性经过,治愈率也较高。大多数母猪出现繁殖障碍,表现母猪屡配不上,怀孕母猪早产、流产、死胎、产弱子等。

【预防】

提高饲料含硒量,供给全价饲料,加强对妊娠和哺乳母猪的饲养管理,注意日粮的正确组成和饲料的合理搭配,保证有足量的必需矿物质元素和微量元素,特别是含硒的微量元素。

对常发本病的地区或可疑地区,除采取在饲料中添加硒或补加含硒和维生素E的饲料添加剂外,也可对猪群注射亚硒酸钠进行预防;或配合应用维生素E制剂。

【治疗】

0.1%亚硒酸钠肌内注射,成年猪10~15毫升,6~12月龄猪8~10毫升,2~6月龄3~5毫升,子猪1~2毫升。

五、亚硝酸盐中毒

许多青绿饲料,如白菜、菠菜、萝卜叶等都含有多量的硝酸盐,在硝化细菌的作用下,可使硝酸盐还原为亚硝酸盐。如青绿饲料小火焖煮或雨淋堆放等不当处理时,硝酸盐可转化成亚硝酸盐,猪采食后可发生亚硝酸盐中毒。

【临床症状】

亚硝酸盐中毒最急性的中毒猪仅表现不安,站立不稳,突然倒地死亡。一般中毒猪表现呈起卧不安,流涎,结膜苍白,鼻镜和皮肤发白,呼吸困难,口吐白沫,口、唇皮肤乌紫,有的患猪伴有乱撞、走路摇摆、跳跃、转圈等神经症状。

【预防】

不喂发霉变质的青绿饲料,提倡生喂青绿饲料。喂猪之前,用试纸条检验饲料,若呈阴性,才可以喂猪。

【治疗】

每头猪按每千克体重 2 毫克静脉或肌内注射 1% 美蓝溶液。没有美蓝时可用蓝墨水代替,同时肌内注射 10% 维生素 C 注射液,每头猪 10 毫升。

每头猪 5 ~ 10 毫升 20% 安钠咖注射液,肌内注射。

六、食盐中毒

食盐中毒是猪一次性或连续食盐过多而引起的疾病,一般食后 1 ~ 2 小时出现临床症状。

【临床症状】

病猪食欲废绝、极度口渴、口吐白沫,便秘或下痢,有时拉出血便,随之出现行走不安、旋回打圈、攀登墙壁、全身颤抖、磨牙、头向后仰、四肢做游泳动作等多种神经症状,呈间歇地发作。严重可经 1 ~ 2 小时兴奋转麻痹,先由后肢开始,以后波及前肢,呼吸急促、困难;严重者兴奋后处于昏迷状态,瞳孔散大,最后死亡。

【预防】

严格控制酱渣、酱油渣、咸鱼水、咸菜水、咸肉水、咸鱼粉等的喂量。食盐含量不得超过日粮的 0.4%。提供猪充足的饮水,防止食盐中毒。

【治疗】

早期治疗可应用催吐药及油类泻剂,但禁止用盐类泻剂(如硫酸钠、硫酸镁)。

溴化钾 5 ~ 10 克,双氢克尿塞 50 毫克,一次内服。可抑制肾小管对钠离子和氯离子的重吸收作用,使血液中的钠离子平衡,并由肾脏排出。

25% 山梨醇注射液 50 ~ 100 毫升,静脉注射。用于缓解脑水肿,降低脑内压。

大量饮水以减低食盐在胃肠中的浓度。

甘草 50～100 克,绿豆 200～300 克,煎汤,胃投。

生石膏、天花粉各 30 克,鲜芦根、绿豆各 50 克,煎汤,胃投。

七、发霉饲料中毒

猪采食受霉菌毒素污染的饲料可引起霉菌毒素中毒。其中对动物危害较为严重的是黄曲霉毒素、T-2 毒素和玉米赤霉烯酮。

【临床症状】

发病前 1～2 天,可见干黑粪便,之后出现症状。食欲不振,精神沉郁,异嗜,口渴。头低,腰背弓起,腹部蜷缩,后肢无力。可视黏膜黄染至苍白。体表皮肤充血,腹下、四肢有弥漫性暗红色出血。粪便带血。母猪阴户充血,红肿,乳腺肿胀,乳头增大,怀孕母猪发生流产。有的患猪头顶墙站立不动。有的间歇性抽搐,共济失调,角弓反张,有的迅速死亡,有的 2～3 天死亡。

【预防】

严格控制饲料原料的质量,禁止饲喂已明显霉变的配合、混合饲料。在配合饲料中适当添加防霉剂,特别是在气温较高的春末及夏秋季节。严格执行我国《饲料卫生标准》(GB 13078)。

【治疗】

动物毒菌毒素中毒,目前尚无特效药。发病时应立即停喂可疑饲料,给予青绿多汁饲料,同时对症治疗。

第七章 猪场经营与质量安全控制技术

积极推广生猪养殖业标准化生产,结合当地状况严格执行国家规定的标准化生产技术,严格操作。一方面要建立健全生猪产地环境监测管理制度,加强产地环境调查、监测和评价;另一方面在生猪养殖过程中,按照标准化生产技术规范,包括生猪饲养中的兽药使用规则、兽医防疫准则、饲料使用准则、生猪饲养管理准则。同时,加大对猪肉产品质量安全相关国家标准及国际标准的吸收力度,结合各地实际,制定严格操作规程。

第一节　猪场的经营管理技术

一、猪场设立的基本条件

1. 养猪设备、选址、建场是设立标准化猪场的必备前提

猪场主要发展规模养殖,首要的是在专业技术人员的指导下,根据自己的资金实力、技术水平、资源优势等综合因素,进行科学的论证,确立新建猪场的建设性质及规模。具体地讲,就是要论证新建猪场的生产目的是养种猪还是商品肉猪:养种猪是原种猪场、祖代猪场、父母代猪场,是养外种猪还是本地猪;养商品猪还是养土杂猪、洋三元还是猪配套系。在确立目标后,再根据自己的资金实力、技术水平、资源优势等综合因素制定猪场养殖规模、圈舍建设档次、设备安装档次,同时做好项目意见书。在做好这两项工作后,聘请专业技术人员进行科学的选址、规划和布局。

2. 选择优良品系的种猪进场是规模化猪场保证产品质量、安全的源头

种猪是猪场安全、顺利生产的基础。种猪选择是养猪生产重要的环节。为达到优质、高产、高效的目的,猪场必须从质量较好的种猪场引进种猪。猪场应结合自身的实际情况,根据种群更新计划和就近引种原则,确定所需品种、数量及引种场,有目的地购进能提高本场种猪某种性能、满足自身要求、与本场猪群健康状况相似的优良个体。需要引进种猪时,应从具有种畜禽经营许可证的种猪场引进,并按照相关规定进行免疫;只进行育肥的生产猪场,引进子猪时,应从达到无公害标准的猪场引进;引进的种猪,应隔离观察 15～30 天,经兽医检查确认为健康合格后,方可供繁殖使用;不得从疫区引进种猪。

3. 建立完善的生物安全体系是规模化猪场保证产品质量、安全的必备条件

建立完善的生物安全体系是规模化养猪场的又一条生命线。生物安全体系就是防止疫病在地域之间和动物之间的传播所采取的措施。是为阻断致病病原(病毒、细菌、真菌、寄生虫)侵入畜(禽)群体、为保证畜禽等动物健康安全而采取的一系列疫病综合防范措施,是较经济、有效的疫病控制手段。对一个养猪场而言,生物安全包括两个方面:其一是外部生物安全,防止病原菌水平传入,将场外的病原微生物进入场内的可能降至最低;其二是内部生物安全,防止病原菌水平传播,降低病原微生物在场内从患病动物向易感动物传播的可能。健全猪场生物安全体系,净化猪场环境,可以预防和控制各种猪病的发生与流行,确保猪健康,使其具有良好的抗病能力,最大限度地发挥猪的生产性能,提高生猪及其产品的质量,获得最好的经济效益。

二、猪场的计划管理

计划管理既是生产本身的需要,又是生产发展中必须遵循的一项管理原则。只有进行计划管理,才能正确有效地解决好各方面的矛盾,全面系统地安排生产活动,使各方面工作得到协调发展,充分地组织和利用人力、物力和财力,保证生产顺利进行。规模化猪场的生产是按照一定的生产流程进行的,在各个生产车间栏位数和饲养时间都是固定的,各流程相互连接,如同工业生产一样。所以,应制订详尽的生产计划使生产按一定的秩序进行。均衡性生产对猪场的管理、生产运行、资金运行具有重要意义。只有均衡生产才能保证诸如工资方案、猪群周转、疫病控制、栏舍使用、资金运行等计划和指标的有效落实。根据编制计划时间长短,猪场计划可以分为长远计划、年度计划等。

1. 长远计划

长远计划一般指 5 年或更长时间内反映猪场生产发展方向和计划目标。包括总的奋斗目标、生产建设规模和发展速度,提高产品数量、质量的措施,投入产出比、经济效益评估、职工人员的技术培训等。长远计划时间长,易受主客观因素的影响,尽可能制订得详细和具体。但长远计划也不是一成不变的,而且根据市场需求和经济状况,通过年度计划来落实。长远计划是制订年度计划的依据。

2. 年度计划

年度计划主要是确定全年生产任务,保证完成各项任务的技术措施和管理措施。制订年度计划是以上年度的生产活动为基础,根据猪场生产能力、市场需求情况、本场历年生产经营计划的落实情况来制订。年度计划主要包括当年应达到的计划任务、配种分娩计划、产品生产计划、饲料供应计划、卫生防疫计划、劳动工资计划、物资供应计划等。

(1)总任务 规定当年内猪群应达到的总头数,并根据基础母猪数,提出全年生产和培育幼猪数和出栏肉猪数,以及产子数、存活率、肉猪耗料指数、出栏日龄、病死率等各项技术指标。

(2)配种分娩计划 配种分娩计划主要包括在一定时间内(每月或每周)繁殖母猪配种、产子、子猪断奶、商品猪出售数量和重量等。制订此计划,必须掌握年初的猪群结构、上年度末母猪妊娠情况、母猪淘汰数量与时间、母猪分娩胎数等有关情况,同时还要考虑圈舍设备等条件。适宜季节性产子的小规模猪场或专业户,应尽量避开最冷或最热季节产子,有利于母猪安全分娩及子猪的存活与生长发育。

(3)饲料供应计划 饲料是养猪生产的物质基础,饲料计划是养猪年度计划中最重要的计划之一。根据饲料消耗指标、饲喂量等计算出配合饲料、添加剂预混料的使用数量,并根据饲料配方计算出不同饲料原料的需要量,制订出当年、季度、每月或每周的饲料供应计划,做好饲料库存,加强管理,防止饲料变质。

(4)产品生产与销售计划 根据猪场历年的生产指标和工艺流程等,计算出当年、季度、每月的产品数量,并制定出销售措施,及时出售产品,防止产品积压。

(5)卫生防疫计划 根据当地疫病流行特点、猪场生产工艺和卫生防疫要求,制定免疫程序、卫生防疫措施、药物及兽医器械供应计划。免疫程序主要包括防疫对象、时间、疫苗种类及使用剂量等。

(6)劳动工资计划 根据平均饲养头数及劳动定额,确定本年内及各月所需要的人力,并预算工资。

三、猪场的劳动管理

猪场的劳动管理是整个猪场管理工作的重要组成部分,其目的在于提高现有劳动力的利用率和劳动生产率,增加养猪经济效益。劳动管理主要包括劳动组织、劳动定额、经济承包责任制和劳动管理制度等。

1. 劳动组织

猪场的劳动组织是根据猪场的各项工作性质,分成不同的专业组,再根据各工种的需要,确定各项工作所需的人数,明确每个工作组和每个人员的任务,使之相互协作,以达到充分合理利用劳动力、提高劳动生产率的目的。一般是根据猪群的大小、机械化程度高低、劳动力的多少及劳动者的技术水平等决定组(队)的大小以及每个人员的定额。采用定人、定岗、定产量、定指标、定物耗等几定的办法,有助于加强生产责任制落实,提高饲养人员的技术水平,促进饲养员掌握每头猪的特性,有针对性地采取相应的管理措施。劳动组织中的各项管理办法一经制定,不得轻易更改。

2.劳动定额

劳动定额是以中等水平的劳动力为依据,根据猪场现有生产技术水平和设备条件,并达到规定质量标准,确定的技术人员和饲养人员工作量。它是合理组织劳动力的依据,也是计算劳动报酬的依据。由于各猪场的生产条件及具体情况不同,很难确定一个统一的劳动定额。但总的原则是,在综合相同生产条件的其他猪场劳动定额的条件下,依据以往的经验和目前的生产技术条件,以一个中等水平的劳动力所能达到的数量和质量为标准,制定本场的劳动定额。如劳动定额过高,多数人达不到目标,将挫伤劳动者的积极性,定额无实际意义;劳动定额过低,不利于发挥职工的积极性,并会造成劳动力浪费,定额也就失去了先进性。

在制定劳动定额时,在规定完成数量的同时,还应要求达到的质量指标。如制定生长育肥猪劳动定额,既要明确饲养员的饲养数量,又要有规定饲养期的平均日增重、全期总重、饲料报酬、死亡率等指标。

劳动定额与劳动报酬有着直接的关系。按照各尽所能、按劳分配、效率优先、兼顾公平的分配原则,计算劳动报酬。无论采用何种计酬办法,必须按劳动数量和质量,以及所创造的价值多少给以合理的劳动报酬,克服和避免平均主义和分配不合理现象。

3.劳动管理制度

劳动管理制度是合理组织生产力的重要手段,也是正确处理人们在劳动过程中相互关系的准则。劳动管理制度主要包括考勤制度、劳动纪律、生产责任制度、劳动保护制度、技术培训制度等。

(1)猪场工作日程　通常以周为单位,把猪场的生产、技术、管理及日常事务等工作科学合理地分配到每天进行。这对于人力分工、设备利用、生产进行都有好处,可使员工对每天的工作心中有数,进行有条不紊的劳动,提高工作效率。由于每天工作较固定,也可使猪群形成一定的生活规律,有利于猪群管理和提高生产水平。

(2)各项技术操作规程　包括不同生长生理阶段猪群饲养管理、疫病防疫和卫生制度、人工授精、饲料加工与调制、生产现场管理等技术操作规程。力求重点突出,简明扼要,符合本场实际,可操作性强。

(3)统计报表制度　建立和健全统计报表制度,可及时反映猪群动态、生产水平、任务指标完成情况等,便于指导猪场生产和计划调整。拟定的统计报表应简明扼要,格式统一,单位一致,便于记载。常用的记录记载表有母猪配种表、母猪产子记录表、子猪培育记录表、生长肥育猪记录表、公猪采精与精液品质评定表、饲料采购与入库记录表、饲料加工记录表、配合饲料发放与领料表、疫病免疫记录表、疾病诊断、治疗记录表、猪群变动记录表、其他物资采购、入库与发放记录表等，并根据这些统计表建立相应的报表（月、季度或年）。各类记录记载和统计报表应由专人负责，及时填写，不得间断和涂改。

四、猪场的成本管理

1. 猪场成本管理的内容

在现代养猪企业中，成本管理具有非常重要的作用，成本核算准确与否直接影响管理者对产品盈利能力的判断，成本控制有效与否直接影响企业的整体竞争能力。成本信息的管理决策和行为影响到企业的盈利能力和生存。因此，企业要保持并增强竞争优势，必须建立一个有效的包括计划、控制、指标、考核分析于一体的成本管理控制体系，支持帮助管理者寻求途径以改善企业经营效率，提高竞争力。猪场的成本管理主要包括3个方面的内容：

（1）建立成本控制系统　猪场的成本控制，从狭义上讲主要是指运用各种会计方法，按照各生产阶段的饲养管理要求，预测制定出各种成本限额和费用开支标准，约束和衡量经营活动效果，从而要求经营者和生产者采取各种措施，以最低的成本完成和超额完成预先计划，实现预定的利润目标。从广义上讲，成本控制还应包括成本的预测和决策分析，选择和调整最佳的群体结构，组织先进合理的生产工艺流程，降低单位产品成本和生产总成本等。

（2）建立健全成本控制标准　猪场成本控制的关键就是建立合理的成本控制标准，为以后的决策分析、成绩考核和挖潜改造、提高工作效率奠定良好的基础。首先应按照不同猪群饲养阶段，通过精确的调查分析，参照各项技术要求标准分别预测制定出不同的物料消耗标准、劳动定额标准、制造费用开支标准和分配标准等。在此基础上测算各种猪群的目标饲养成本、目标增重成本以及目标活重成本等指标，进行规范的分群成本核算。

（3）成本控制标准的考核和分析　建立严格的成本控制标准考核制度，将各项成本控制标准与实际完成的成本进行对比，分析产生成本差异的原因，对症下药，制定切实可行的措施，改进工作方法以达到目标成本要求。

2. 猪场成本管理的方法

（1）成本核算　养猪生产中的各项消耗，有的直接与产品生产有关，这种开支叫直接生产费，如饲养人员的工资和福利费、饲料费、猪舍折旧费等。另

188

外,还有一些间接费用,如场长、技术员和其他管理人员的工资、各项管理费等。有如下项目:

1)劳务费 指直接从事养猪生产的饲养人员的工资和福利费。

2)饲料费 指饲养各类猪群直接消耗的各种精饲料、粗饲料、动物性饲料、矿物质饲料、多种维生素、微量元素和药物添加剂等的费用。

3)医药费 指猪群直接消耗的药品和疫苗费用。

4)低值易耗品费 指当年报销的低值工具和劳保用品的价值。

5)其他直接费 即不能直接列入以上各项的直接费用,如接待费和推销费等。

6)管理费 为非直接生产费,即共同生产费,如领导层的工资及其他管理费。

另外,还有燃料和动力费,固定资产折旧费,固定资产维修费等。

以上各项成本的总和,就是该猪场的总成本。

(2)成本的计算 根据成本项目核算出各类猪群的成本后,计算出各猪群头数、活重、增重、主副产品产量等资料,便可计算出各猪群的饲养成本。计算公式如下:

活重成本计算:

猪的全年活重=年末存栏猪活重+本年内离群猪活重(不包括死亡猪活重)

猪的全年活重总成本=年初存栏猪的价值+购入转入猪的价值+全年内饲养费用(包括死亡猪的费用)-全年粪肥价值

猪的每千克活重成本=猪的全年活重总成本÷猪的全年活重

增重成本计算:

增重成本核算主要计算每一增重单位重量的成本。

猪群的总增重=期内存栏猪活重+期内离群猪活重(包括死亡猪)-期内购入转入和期初结存的活重

猪群每千克增重成本=[该猪群全部饲养费用(包括死亡猪在内)-副产品收入]÷猪群的总增重(千克)

成年猪成本核算:

生产总成本=直接生产费用+共同生产费用+管理费

产品成本=生产总成本-副产品收入

单位产品成本=产品成本÷产品数量

直接生产费用为劳动消耗和物质消耗,共同生产费用包括干部工资、折旧费、运输费及其他应摊派的费用,生产管理费包括勤杂员工工资、办公费、接待费、销售费等。

子猪成本核算:

子猪生产成本应包括基础母猪和种公猪的全部饲养费用。以断奶子猪活重总量除以基础猪群的饲养总费用(减副产品收入),即得子猪单位活重成本。

子猪单位活重成本 =(年初结存未断奶子猪价值 + 当年基础猪群饲养费 – 副产品收入)÷(当年断奶子猪转群时的总重量 + 年末结存未断奶子猪总重量)

副产品收入主要指粪肥及对外配种或出售精液等收入。

(3)效益分析 猪场效益分析是根据成本核算所反映的生产情况,对猪场的产品产量、劳动生产率、产品成本、盈利进行全面系统的统计分析,对猪场的经济活动做出正确的评价,及时处理生产中存在的问题,保证下一阶段工作顺利完成。

1)利润核算 养猪生产不仅要获得量多质优的猪肉、子猪和种猪,更为得到较高的利润。利润是用货币表现在一定时期内,全部收入扣除成本费用和税金后的余额,它是反映猪场经营状况好坏的一个重要经济指标。利润核算包括利润额和利润率的核算。

利润额:利润额是指猪场利润的绝对数量,分为总利润和产品销售利润。总利润是指猪场在生产经营中的全部利润,产品销售利润是指产品销售收入时产生的利润。

销售利润 = 销售收入 – 生产成本 – 销售费用 – 税金

总利润 = 销售利润 ± 营业外收支净额

营业外收支净额是指与猪场生产经营无关的收支差额,如房屋出租、技术传授、罚款等非生产性营业外收入,职工劳动保险、物资保险等为营业外支出。

利润率:因猪场规模不同,以利润额的绝对值难以反映不同猪场的生产经营状况。而利润率为相对值,可以进行比较,可真实反映不同猪场的经营状况。用利润率与资金、产值、成本进行比较,可从不同角度反映猪场的经营状况。

资金利润率:为总利润与占用资金的比率。它反映总利润固定的前提下,尽量减少资金的占用,以获得较高的资金利润率。

资金利润率(%)= 年总利润 ÷ 占用资金总额 ×100

其中占用资金总额包括固定资金和流动资金。

产值利润率:为年利润总额与年产值总额的比率。它反映了猪场每百元产值实现的利润,但不能反映猪场资金消耗和资金占用程度。

产值利润率(%)=年总利润÷年总产值×100

成本利润率:指利润总额与总成本的比率关系。它反映了每百元生产成本创造了多少利润,比率高表明经济效果好;但没有反映全部生产资金的利用效果,猪场拥有的全部固定资产中未被使用和不需用的设备也未得到反映。

成本利润率(%)=销售利润÷销售产品成本×100

2)经济活动分析　经济活动分析是规模猪场的一种有效的管理方法。主要对猪场产品、生产成本、盈利等指标进行分析,做法是用本年度的生产结果与上年度同期同类指标、其他猪场的同类指标进行比较,检查生产计划任务的完成情况、发展速度和水平,查明影响完成生产计划的因素,找出与其他猪场的差距。

第二节　生猪的质量安全管理技术

一、加强生产监管

1. 实行标准化生产

(1)提高从业者的生产素质　目前,我国生猪养殖多以散养户为主,加之群众对生猪产品安全问题认识不足,安全意识淡薄,许多养殖户乱投乱施其他产品,甚至使用违禁的药品和饲料添加剂,不执行休药期规定。通过采取多种形式,让生产者认识到生猪产品质量安全对保障人体健康及养殖经营的重要性,增强畜产品质量安全的法律法规意识,自觉做到养殖过程中不使用违禁药品和饲料添加剂,不乱投乱施。提高从业者的生产素质,是实行标准化生产的前提。

(2)实行标准化生产　积极推广生猪养殖业标准化生产,结合当地状况严格执行国家规定的标准化生产技术,在严格操作上,一方面要建立生猪产地环境监测管理制度,加强产地环境调查、监测和评价;另一方面要在生猪养殖过程中,遵循标准化生产技术规范,包括生猪饲养中的兽药使用规则、兽医防疫准则、饲料使用准则、生猪饲养管理准则。同时,加大对猪肉产品质量安全相关国家标准及国际标准的吸收力度,结合各地实际,制定严格操作规程。按照良好操作规范(GMP)、良好农业操作规范(GAP)、危害分析与关键控制点(HACCP)、质量管理和质量保证体系系列标准(ISO 9000 系列标准)、环境管理和环境保证体系系列标准(ISO 14000 系列标准)的质量认证与管理工作,注重环境保护,实现无污染养殖,强化和促进生态养殖业的发展。

2. 加强生猪生产中投入品质量的安全监控

(1)采用健康优质的品种　种质是动物健康养殖的物质基础。具有较强的抗病害及抵御不良环境能力的养殖品种,不但能减少病害发生机会,降低养殖风险,增加养殖效益,同时也可避免大量用药对环境可能造成的危害以及对人类健康的影响。因此,应选择适合本地生长条件的具有高生产性能、抗病力强、来自非疫区或无隐性传染病并能生产出优质后代的种畜禽品种或饲养品种。

(2)加强饲料监管力度,确保饲料安全　目前,对饲料的监测大都停留在常规检测上(如对蛋白质、钙、磷、微量元素含量检测等),而对饲料中添加药物所造成的药物残留缺乏严密的监测手段。因此,应进一步完善饲料法律、法规,加强饲料质量监督的力度,尤其是将兽药残留监测作为饲料安全监督范围的重点,取缔生产销售含有违禁药品的饲料企业。建立饲料安全信息体系,提高饲料行业管理水平,提高饲料产品质量。加快新型饲料添加剂的开发、推广,通过宣传和教育,实现饲料和饲料添加剂生产、经营、消费的良性研发,并提高使用者对饲料安全因素的认识,确保饲料安全。

(3)规范兽药管理,严格休药期制度　严格执行《兽药管理条例》,规范兽药生产、经营、销售和使用行为,清理整顿兽药市场,严厉打击制售假劣兽药的活动,进一步严格兽药生产经营企业监管,完善生产经营记录制度。监督养殖生产过程中的用药管理,维持良好的养殖生态环境,提高病害的生态防治技术,达到科学合理使用兽药,严格遵守兽药使用对象、使用期限、使用剂量,执行严格的休药期制度,防止药物残留,保证生猪产品的上市质量。

3. 实行科学合理的饲养管理

(1)普及健康养殖相关技术,更新经营模式　坚持以养殖户为主体,普及健康养殖相关技术,提高技术水平和生产意识。通过为养殖户提供规划设计、疾病防治、养殖技术指导,建立生产有记录(养殖品种、购进时间、放养时间、投喂饲料、畜禽兽药使用情况等)、销售有去向的管理体系,杜绝违禁药物的使用。由以往"重生产,轻管理,粗放养殖"向"规范管理、安全生产、标准化养殖"转变。其次,大力推广和提倡"公司＋基地"、"公司＋规模场"、"公司＋

协会＋养殖大户"经营模式的生态养殖小区。这样既可提高畜产品质量，又为养殖创造一个良好的环境。

（2）科学饲养 按品种、圈舍生产条件、资金、技术及市场需求因地制宜，确定合理的放养模式，改善畜禽养殖生态环境，控制病原体，科学饲养（如保持舍内良好的清洁卫生和温湿度，让畜禽适量运动，饲喂颗粒料，采用定时、定量饲喂和育肥后期饲喂的饲养方法）。同时，综合考虑出栏和经济效益，利用边际效益计算合适的出栏日龄和体重。在养殖过程中还要从药物、病源、环境、畜禽本身和人类健康方面的因素出发，科学、合理用药，达到提高畜禽养殖病害的防治效果与畜产品的品质。

（3）加强生猪养殖病害控制 在疾病防治中选用的药物应是兽药典中所列的品种，要遵循《动物食品中兽药最高残留量》、《养殖生产禁止使用药物》、《兽药生产质量管理规范》标准，有目的、有计划和有效果地使用药物。坚持"以防为主，防治结合"，禁止药物的滥用现象，推广使用高效、低毒、低残留的无公害兽药。对重大动物疫病实行计划免疫和强制免疫、动物免疫标识制度。加强动物疫病防治冷链体系建设，加强动物疫情测报、流行病学调查、动物疫情管理，保障生猪养殖中无病害的发生。

二、推行市场准入制

实行生猪产品的信用准入是实施生猪产品安全生产全程监管的最后一关，也是政府部门依法管理的重要措施。批发市场和农贸市场的销售者、超市、配送中心必须建立生猪产品进货检查验收制度，审验供货商的经营资格，验明生猪产品的检疫合格证明和生猪产品标识，并建立进货台账和销售台账，如实记录生猪产品品种、规格、数量、流向等内容。进货台账和销售台账保存期限不得少于两年。销售者应当向供货商按生猪产品生产批次，索要符合法定条件的动物卫生监督机构出具的检疫报告或者由供货商签字或者盖章的检疫报告复印件；不能提供检疫报告或复印件的生猪产品、经查验不符合产品质量安全标准的产品，不得销售。市场准入管理体系包括对各种生猪产品进入市场的质量标准的制定、认定和发证通行，对无许可证产品、经检测达不到入市标准甚至是有毒、有害产品的处置和惩罚。生猪产品经营者应当对其销售的产品的质量负责，发现其经营的产品存在安全隐患，可能对人体健康或者生命安全造成损害的，应当主动向动物卫生监督机构报告有关信息，并停止销售；对已经销售的生猪产品，应立即主动召回。

1. 建立健全畜产品质量安全检测检验体系

畜产品质量安全监测检验中心负责指导生猪产品质量安全监测检验工作，培训畜产品质量检测技术人员，及时掌握并及时报告生猪产品经营市场检测情况，对生猪产品质量安全进行监督抽检。生猪产品经营市场主体负责建设本场（厂）检测室及基础设施，配备检测人员，保证如期开展畜产品质量检测。畜牧管理部门统一制定自检室设置标准并组织验收。检测人员须经培训合格后上岗。

2. 实施标识管理，推行质量追溯制度

逐步推行生猪产品分级包装上市和产地标识制度。生猪产品生产者、经营者应当在最小包装上加贴专用标志。不能包装或拆分零售的，应当采取附加标签、标识牌、标识带、说明书等形式标明生猪产品的品名、产地、生产者或销售者名称、认定认证证书编号等内容。按照从生产到销售的每一个环节可相互追查的原则，建立生猪产品生产、加工、包装、运输、储藏（保鲜）到市场销售的各个环节的记录归档制度，各项记录应保存 2 年以上。推行产地与销售、产地与市场的对接互认，减少中转环节，及时追溯发生问题的环节和责任人。

3. 加强生猪产品加工企业的质量管理

定点屠宰场和其他畜产品加工场（厂）建设和管理是实行市场准入的关键环节，各企业要对本场（厂）屠宰销售的生猪产品质量负责。严格执行《中华人民共和国农产品质量安全法》、《中华人民共和国动物防疫法》等法律法规，健全质量管理体系，规范操作规程，强化产品质量管理。在原料采购、屠宰加工过程中，要严格执行国家标准、行业标准、地方标准，健全生产、管理和工作环节企业标准，全面实施标准化生产。所屠宰的生猪，要有产地检疫证（或出县境检疫证）、运载工具消毒证和免疫标识。及时、全面、翔实地记录原料来源、免疫、检疫、肉品质量检验、销售等生产、购销情况，并接受有关部门的监督检查。要建立健全生猪产品质量安全检验制度，建立自检机构，配备检测设备，对生猪产品中国家质量标准规定残留物进行常规检测，为经营商户提供检测合格报告，每月将检测结果报当地畜产品质量安全监测检验机构备案。生猪产品未经质量检验或者检验不合格的，不得出场（厂）。

4. 建立质量安全承诺制度，规范生猪产品市场经营行为

农贸市场、超市、连锁店等畜产品经营市场要做到"三有""三实行"。"三有"，即要有规范的畜产品质量安全自检室（无公害畜产品专营店除外）、有质量安全内控管理专职人员、有完善的质量安全管理记录。"三实行"，即要实

行质量安全承诺、质量安全目标管理和质量安全管理月报告等三项制度。生猪产品经营摊位应"六具备",即具备法律规定的经营证照、固定的经营摊位、保鲜基础设施、规范的产品公示牌、经营记录和人员健康证。

生猪产品经营市场主体对进入本市场（厂）销售的产品质量负责，必须对其销售的非认证产品且无质量检测合格证明的产品进行自检，同时应主动接受畜牧主管部门及畜产品质检部门的抽查。要向消费者就其生产、销售的生猪产品质量安全做出承诺，建立市场质量安全责任告知承诺制度。要建立生猪产品流通档案，组织生产、经营人员健康检查，并向当地畜牧行政主管部门做出质量安全承诺，每月报告一次经营产品质量检测结果，确保上市生猪产品达到质量安全要求。

三、完善保障体系

1. 加强组织领导

各地区政府对本行政区域内的畜产品安全监督管理负总责，要成立相应组织机构，建立畜产品质量安全监测机构，健全市场准入监督管理制度，制订本地生猪产品质量安全市场准入实施方案，确保市场准入工作顺利进行。在实施生猪产品质量安全市场准入工作中，各成员单位要按照职责，分口把关，相互协作，齐抓共管，形成工作合力。

畜牧行政管理部门负责组织和协调各成员单位实施市场准入工作。负责生猪生产基地的标准化建设；生猪防疫、检疫工作；负责生猪产品质量安全监督管理，开展生猪产品质量安全检测指导、培训工作；实施生猪产品质量安全例行监测，依照有关法律法规开展生猪产品质量行政执法工作。

工商行政管理部门负责对生猪产品经营企业和商户进行主体资格审核，把好主体市场准入关。加强对批发市场、农贸市场、大型商场（超市）、配送中心、连锁店等准入生猪产品交易秩序的管理和规范，禁止未经畜产品检疫、检验或检疫、检验不合格及未经准入的产品在市场销售。

商务管理部门负责生猪定点屠宰场的质量检测、监管工作。依照有关规定严肃查处定点屠宰场（厂）对注水肉或者注入其他物质以及将未经肉品质量检验或者检验不合格的肉品出场（厂）的行为；加强对定点屠宰场（厂）经营情况的监督检查，查处私屠滥宰行为。

卫生行政管理部门负责宾馆、饭店和学校（幼儿园）食堂、单位食堂、送餐中心等集体配餐、用餐单位生猪产品质量安全监管和市场准入工作的落实，对购进的生猪产品索票索证,禁止购进未经检疫、检验或检疫、检验不合格的生猪产品。依据《食品安全法》等有关法律法规规定查处违法行为。

质量技术监督部门负责对食品生产加工环节生猪产品的监督管理。组织制定和完善生猪产品生产、经营地方标准体系。财政部门负责市场准入经费的保障、管理,并对资金使用情况进行监督。

公安部门负责协助有关行政主管部门开展行政执法工作,依法查处妨碍行政执法的行为。

畜牧行政管理部门要把在生产环节查处的情况及进入流通环节的情况及时抄告相关执法部门。相关执法部门也应及时将生产环节、流通环节、消费环节发现的相关违法情况及时抄告畜牧行政管理部门。

2.加强监督管理

畜牧行政管理部门要定期组织开展生猪产地、生猪养殖投入品和生猪产品质量安全状况监测评估和监督检查,加强源头监测监管。同时,要严格饲料和饲料添加剂、兽药等畜牧业投入品生产经营的准入条件,强化监督管理。对生产、经营和使用国家明令禁止畜牧业投入品的行为,要依法严厉查处,确保生猪产品质量安全。

畜牧、工商、商务、质监等部门要建立畜产品经营市场巡查和监督抽检制度,督促市场经营主体完善各项规章制度,健全生产、经营记录档案,对经检疫、检测不符合生猪产品质量安全标准的产品要依法查封、扣押,督促进行无害化处理或予以监督销毁,并按照有关规定严厉处罚。推行不合格猪肉产品的责任追究和退出市场流通机制,对连续3次质量监测不合格的生猪产品,要责令其退出流通市场。

3.加大技术培训

按照分级分类培训的原则,各级畜牧、工商、商务、质监等部门应加强对生猪产品质量安全监督管理人员的业务指导,定期对辖区内生猪产品生产企业的管理、技术、监测人员和畜产品经营者进行培训,指导其掌握并遵循安全生产技术规程,科学合理使用饲料、兽药、添加剂等投入品。

4.加大宣传力度

通过广播、电视、报刊、网络等媒体,采取多种形式,对畜产品质量安全法律法规、政策、生产技术规程、畜牧业投入品安全使用等进行广泛宣传,增强畜产品生产者、加工者、经营者和消费者的质量安全意识,形成全社会关心、支持实施生猪产品质量安全工作的良好氛围。

附录　猪场常用记录表格

配种基础周报

配种员：　　　　　　　　　　　　　　　　　　　　　　周号：

序号	母猪耳号	首配		二配		三配		预产期	备注（返、流、后备）
		时间	公猪	时间	公猪	时间	公猪		
1									
2									
3									

产子基础周报

技术员：　　　　　　　　　　　　　　　　　　　　　　周号：

序号	母猪情况					产子情况					处理情况				接产员	饲养员
	耳号	棚号	栏号	日期	胎次	产出	产活	健猪	弱猪	窝重	弱子	畸形	木乃伊	死胎		
1																
2																
3																

断奶基础周报

技术员：　　　　　　　　　　　　　　　　　　　　　周号：

序号	母猪耳号	产子日期	产活子数	断奶日期	断奶子数	断奶日龄	过哺		成活率
							过入	过出	
1									
2									
3									

肉猪死亡周报

技术员：　　　　　　　　　　　　　　　　　　　　　周号：

棚号	一		二		三		四		五		六		七		存栏	饲养员
	日龄	头数	日龄	头数	日龄	头数	日龄	头数	日龄	头数	日龄	头数	日龄	头数		
1																
2																
3																

种猪死亡淘汰基础周报

技术员：　　　　　　　　　　　　　　　　　　　　　周号：

序号	耳号	猪别	棚舍	死亡或淘汰原因	年龄胎次	饲养员
1						
2						
3						

公猪使用频率基础周报

技术员：   周号：

序号	公猪号	一	二	三	四	五	六	七	合计	精检	备注
1											
2											
3											

妊检返情空怀流产基础周报

配种员：   周号：

母猪耳号	与配公猪	配种日期	妊检返情空怀流产日期	目前情况

种猪淘汰报表

耳号	猪别	棚舍	淘汰原因	备注

技术员：   年　月　日   场长：   年　月　日

饲料发放表

舍号	猪别	料别	标准	头数	总量

产子分单元记录表

单元号	窝数	产子日期	产子头数	平均出生日期	23日龄断奶	28日龄转出	备注
1							
2							
3							

猪场生产周报表

配种妊娠车间	转入后备公/母猪		保育车间	转入子猪	
	转入断奶母猪			转出子猪	
	转入妊娠母猪			出售种/商品子猪	
	配种/返情/复配			死亡	
	母猪流产/阴道炎		生长车间	周末存栏	
	淘汰/死亡公/母猪			转入生长猪	
	周末存栏空怀/配种母猪			转出育肥猪	
	周末存栏公猪			出售生长猪	
	预产(窝)			死亡	
	周末存栏			周末存栏	
	实产(窝)				
分娩车间	产活子总数		育肥车间		
	产畸形/弱子			转入育肥猪	
	死胎			出售育肥猪	
	乳猪死亡/机械死亡			死亡	
	母猪淘汰/死亡				
	转出子猪				
	存栏子猪				
	存栏母猪			周末存栏	
全场周末存栏		填表人		负责人